迷人的数学发现

[瑞士]乔治·G.斯皮罗 著

郭婷玮 译

上海科技教育出版社

图书在版编目(CIP)数据

迷人的数学发现/(瑞士)乔治·G.斯皮罗
(George G. Szpriro)著;郭婷玮译.—上海:上海科技教育
出版社,2023.2(2024.1重印)
 (数学桥丛书)
 书名原文:A Mathematical Medley
 ISBN 978 - 7 - 5428 - 7859 - 5

Ⅰ.①迷… Ⅱ.①乔… ②郭… Ⅲ.①数学—普及
读物 Ⅳ.①01-49

中国版本图书馆CIP数据核字(2022)第209032号

责任编辑 侯慧菊
封面设计 杨 静

数学桥 丛书
迷人的数学发现
[瑞士]乔治·G.斯皮罗 著
郭婷玮 译

出版发行 上海科技教育出版社有限公司
     (上海市闵行区号景路159弄A座8楼 邮政编码201101)
网   址 www.sste.com www.ewen.co
经   销 各地新华书店
印   刷 上海颛辉印刷厂有限公司
开   本 720×1000 1/16
印   张 12
版   次 2023年2月第1版
印   次 2024年1月第2次印刷
书   号 ISBN 978-7-5428-7859-5/N·1171
图   字 09-2018-732号
定   价 50.00元

前言

　　每当有社会名流在鸡尾酒会上,以背诵几句不知名诗词来炫耀才气时,旁人都会认为他饱读诗书、充满智慧。然而,引述数学公式就没有这种效果,顶多只能招来一些怜悯的眼光,以及"酒会第一号讨厌鬼"的封号。面对鸡尾酒会上点头表示同意的人群,大多数旁观者都会承认自己的数学不好、从来就没好过、将来也不会变好。

　　这真是让人感到讶异! 想象你的律师告诉你他不擅长拼写,你的牙医骄傲地宣布她不会讲外语,财务管理顾问很高兴地承认他老是分不清伏尔泰(Voltaire)和莫里哀(Molière)。你大有理由认为这些人无知,但数学却不是这样,所有人都能接受对于这门学科的无知与短缺。

　　我已将纠正此种情况视为己任。本书包含了过去 3 年间,我为瑞士《新苏黎世报》(*Neue Zürcher Zeitung*)以及《新苏黎世报星期日增刊版》(*NZZ am Sonntag*)所写的数学短文。我一如既往希望让读者不仅了解这门学问的重要性,也能欣赏它的美丽与优雅。我也没有忽视时常有点怪里怪气的数学家们的趣闻与生平,在可能的范围之内,尽量让读者了解相关的理论与证明,数学的复杂性不应该被隐藏或夸大。

无论这本数学书或我的数学新闻工作者生涯,都不是依线性演变的。我在苏黎世的瑞士联邦理工学院攻读了数学与物理,之后换了几个工作,最后成为《新苏黎世报》派驻耶路撒冷的记者。我的工作是报告中东最新情势,但我最初对数学的热爱却从未降温,当一个有关对称性的会议在海法举办时,为了报道这场聚会,我说服我的编辑派我前往以色列北边的海法,结果这篇文章成为我为这家报社所写过的最佳报道(它几乎和搭乘豪华邮轮沿着多瑙河到达布达佩斯的旅程一样棒,但那是题外话)。自那之后,我就断断续续地撰写以数学为主题的文章。

2002 年 3 月,我得到了一个机会定期地利用我对数学的兴趣。我在《新苏黎世报星期日增刊版》开了一个每月专栏,名叫"乔治·斯皮罗(George Szpiro)的小小乘法表"。我很快就发现,读者的反应比预期要好。记得早期专栏中,有一次我把一位数学家的生日写错了,结果招来将近 24 封读者信,从语带嘲讽到暴跳如雷都有。一年之后,我有幸获得一份殊荣,瑞士科学院将 2003 年度媒体奖颁给我的专栏。2005 年 12 月,伦敦皇家学会提名我参加欧盟笛卡儿科学传播奖的决选。

我要感谢在苏黎世的编辑——迈耶—鲁斯特(Kathrin Meier-Rust)、希尔斯坦(Andreas Hirstein)、斯派克(Christian Speicher)与贝迟翁(Stefan Betschon),感谢他们的耐心与知识丰富的编辑成果。感谢在伦敦的姐姐伯克(Eva Burke)勤奋地帮我翻译这些文章,还有华盛顿特区约瑟夫亨利出版社(Joseph Henry Press)的罗宾斯(Jeffrey Robbins),他将我的手稿变为一本我所期望的有趣的书,即使内容是关于一般常人认为比骨头还硬的学科。

乔治·G. 斯皮罗
耶路撒冷,2006 年春

目　录

第1章
为数学而数学

面包师傅的一打 = 13 吗

◆ **摘要**：数字6必定有缺陷，数字12必然是好的，数字13只会招致灾难①……任何无稽之谈都可以用数字命理学来佐证，数字是理性科学的前身。

有一件众所周知的怪事，就是不管你走到哪儿，总会撞见12这个数字：以色列分12个支派②、耶稣有12个门徒、天空分黄道十二宫。因此，有人自然而然地假设，12及所有与这个数字相关的事物都必然是好的。而12加上1得出的数字13，因为打破了这圆满的数字12，所以就会招致灾难。数字7表征了彩虹的颜色数、一周的天数，以及八度音程的音阶数，显然象征着和谐与完美。由此，数字6必定有缺陷：重复3个6可得到666，唉！恶魔数字③出现了。任何无稽

---

① "面包师傅的一打"典故出自13世纪的英国。当时政府规定，售卖不足量的话将被处以刑罚。面包师傅担心计量不准而受罚，宁愿顾客买一打而给13个。——译注
② 《圣经·创世记》第49章第28节："这一切是以色列的十二支派，这也是他们的父亲对他们所说的话，为他们所祝的福，都是按着各人的福分，为他们祝福。"以色列王国的12个支派分别由雅各12个儿子的后裔组成。——译注
③ 《圣经·启示录》第13章第18节："在这里有智慧。凡有聪明的，可以算计兽的数目，因为这是人的数目，它的数目是六百六十六。"666因此成为邪恶怪兽的象征，后人将其视为代表魔鬼、不幸、反基督的数字。——译注

之谈都可以用数字命理学来佐证。然而数字很神秘也并非一派胡言,本书将告诉你,数字是理性科学的前身。

数字命理学家不厌其烦地诠释数字,预言描述其属性或某种程度上与数字相关的事件。虽然这种嗜好看起来有些古怪,比较适合涉足神秘学的人士,但数字命理学家仍然乐此不疲。如果不祥的数字经过他们快速的乘除运算,简单地重新加以诠释,把最负面的预言进行了 180° 的扭转,且确定性维持不变,他们会感到非常欣慰。

数学家对此嗤之以鼻。数学家承认 12 是一个重要的数字,但它的卓越性能主要不是来自它的神秘性,而是因为一项事实:12 可以被 2、3、4 和 6(1 和 12 自身更不必提了)整除。12 的因子数是 10 的因子数的两倍,后者除了 1 和自身之外,只能被 2 和 5 整除。这是盎格鲁—撒克逊地区盛行十二进制、以 12 为基数的原因。古罗马人偏好数字 10,因为学童和算术能力较差的商人,用双手就能够算出总数。

到 18 世纪末,数学家波达(Charles de Borda)、拉格朗日(Joseph-Louis Lagrange)以及拉瓦锡(Antoine-Laurent Lavoisier)充分意识到十进制的优点,他们支持手指计数法,建议法国科学院以十进制作为度量长度和重力的唯一法定标准(波达进一步提出,应该把一天分为 10 小时,一小时分为 100 分钟,一分钟分为 100 秒,但这项提议没有广泛实行)。

让我们回到数字 6。在古代,6 被视为完美的数字,因为除了它自身之外的其他因子的总和,刚好等于它自己(1 + 2 + 3 = 6)。7 和 13 又如何?就数学家的观点而言,与 6 或 12 相比,7 和 13 没有更好也没有更差,但较有趣。因为除了 1 和自身之外,它们没有其他因子。这样的数称为素数,它们是构成其余所有数字的"原子"。

坚信数字神奇性的数字命理学家和其他神秘主义者,通常将毕达哥拉斯(Pythagoras)尊为导师。这位古希腊哲学家的确曾设法借助整数和几何形状之力来了解宇宙。或许我们会觉得许多他所谓的发现过于简单化,但事实上毕达哥拉斯是一位先驱,他的名言"万物皆数"(all is number)是革命性的创新观念。不过毕达哥拉斯关于宇宙的概念仍然极为狭窄,仅限于自然数和分数。当他的学生发现正方形的对角线无法用两个整数之比来表示时,毕达哥拉斯学派的世界观被摧毁了。传说中,发现无理数的人后来被处死。

柏拉图和其后的新柏拉图学派不断尝试利用数字来了解自然和宇宙。3 世纪,哲学家扬布里柯(Iamblichus)将新柏拉图学派发展成为一种"算术神学"。从扬布里柯的作品中可以看出,他摇摆于毕达哥拉斯学派的观念与自由联想之间;数字成为神秘的象征符号——数字命理学由此诞生。

大概就在同一时期,名为卡巴拉(Kabbalah)的犹太神秘主义开始盛行。所有卡巴拉文字作品中最古老、最神秘的《创造之书》(*Sefer Yetzirah*)写于 3 世纪至 6 世纪间。它以数字 1—10 以及 22 个希伯来文的字母诠释宇宙的诞生和秩序。1 是神,2 是神圣智慧,3 是世界认知,接着依次是爱、力量、美等。卡巴拉的第二本书《光辉之书》(*Zohar*)据说大约完成于 13 世纪,对犹太神秘主义亦产生重大影响。卡巴拉所用的工具之一是替换法(Gematria),这个词源自希腊语作品中的 geometry(几何),不过多数犹太祭司并未认真对待这种方法。这种方法是指赋予希伯来文的字母以一定的数值,借以进行字母、单词和短语的计算。一个文本一旦被简化为一个数值,该数值可以重新扩展成不同的单词和短语。因此,替换法开启了诠释和预言、进而探索文句与思想之间关系的无穷可能性。

令人惊讶的是,科学家和神学家都直觉地认为,数字,而且只有数字才可以恰当地描述这个世界。15 世纪德国红衣主教尼古拉(Nikolaus von Kues)写道:"那些对数学无知的人无法真正了解上帝。"当然,他们的直觉如今已经转变为人们的信念,我们知道数学是理解自然的基础。和昔日的数字命理学家一样,现代的自然科学家不断思索观察到的现象,试图建立各类数据之间的联系。

数学向来是科学家必需的基本工具,对这一点自然科学家始终感到讶异。

1963 年诺贝尔物理学奖得主威格纳（Eugene Wigner）在一篇被广为引用的文章中提到了"自然科学中数学的不合理有效性"。爱因斯坦（Albert Einstein）也扬弃毕达哥拉斯的世界观，问道："数学是人类思想远远独立于经验之外的产物，怎么可能如此美妙地适用于现实事物呢？"对他来说，这个世界最令人费解之处就在于它是完全可理解的。

相较之下，对信奉神秘主义的数字命理学家而言，事情就简单多了。所有"似真"的事——许多信仰或迷信让人觉得好像真的一样——都可以当作是合理的。这些信奉神秘主义的数字命理学家缺少科学方法，他们认为没有必要利用严谨的实验来确认或驳斥某种理论。

伽利略（Galileo Galilei，1564—1642）是率先反对仅根据自然现象的似真性、神学天启或早期权威的主张来解释自然现象的自然哲学家之一，他要求用实验、观察和推理来证明自然现象。他写道，自然之书是用数学的语言写成的。如今，伽利略的方法被认为是理解我们周遭世界的唯一有效的方法，但在 16 世纪却被认为完全是异端邪说。

有一位与伽利略同时代的人认同观察的必要性和数学的普遍性，但却沉溺于神秘主义和占星学，这个人就是来自布拉格的开普勒（Johannes Kepler）。1594 年，23 岁的图宾根大学神学专业的毕业生开普勒，以研究当时所知的行星运动开始他的天文学研究生涯，这些所知的行星包括水星、金星、地球、火星、木星和土星。开普勒的目的是为这些行星轨道找出数字规律，这对当时年轻的他极为重要，因为他坚信占星学。终其一生，开普勒都坚信星体深具神奇的力量。因此，就像参加智力测验的学生努力弄懂一系列数字一样，开普勒设法找出他所拥有的数据的规律性。他将数字进行加、减、乘、除，使用因子和常数，并假设有看不见的行星。结果什么也没有得到，完全是徒劳无功。"我浪费了太多时间玩弄这些数字"，他后来后悔道。

顿悟的一刻出现在 1595 年，当时开普勒已是学校老师。他在黑板上画一个几何图形时,突然灵光乍现:行星沿着绕球面的轨道运行,柏拉图多面体①外切于这些轨道球面。开普勒经过缜密计算,验证了闪现的领悟,确认自己的直觉是正确的。值得注意的是,他的误差小于10%,在当时的天文观察的精确度范围之内。一年后,他在《宇宙的奥秘》(*Mysterium Cosmographicum*)一书中发表了这项发现,该书广受专业人士的欢迎。天体之间和谐的交互作用充分证实了毕达哥拉斯的世界观,但有一个小问题:他的洞见其实是错的。

几年后,真相大白。开普勒的死对头之一,奥匈帝国皇帝鲁道夫二世(Rudolph II)的皇家数学家第谷(Tycho Brahe),一直对他的结论持异议。由于开普勒无法获得第谷的那些显然较精确的数据,他没有办法解决这个问题。直到第谷去世,开普勒被指派为他的继任者之后,他才得以接触到这些观测数据。这时,开普勒终于能够分析第谷的行星观测数据,并完成他自己制作的表格。最终他意识到行星的轨道不是正圆,而是椭圆形的,因此,行星并不绕着球面运行。支持开普勒的都说他足够诚实,勇于坦白先前犯过的错误。1609年和1619年,开普勒出版了《新天文学》(*A New Astronomy*)和《世界的和谐》(*Harmony of the Worlds*),提出3个观点。这一次,这些观点是正确的,此后它们以他的名字命名为开普勒定律。

在开普勒第三定律中,开普勒将行星绕太阳运行所需的时间与其椭圆轨道轴长联系了起来。他卓有远见地认为,行星距太阳的距离与行星运行速度之间必定有某种数学关联。但是什么样的关联? 这是另一项智力测验要解决的问题。数列58、108、150、228、778、1430(行星椭圆轨道半长轴的长度,单位为百万千米),与数列88、225、365、687、4392、10753(轨道周期,以天为单位)两者之间有什么关联? 开普勒轻而易举地解决了这个问题。他证实轨道周期的平方除以

---

① 柏拉图多面体包括正四面体、正六面体(正立方体)、正八面体、正十二面体和正二十面体。——译注

半长轴的立方,几乎都等于0.04,所有六大行星都是如此。这一次同样未经过任何合理化的推导,他凭借直觉得出了自然界最基本的定律。

开普勒的直觉无论对错,都源自他的深刻信念:上帝依循数字定律创造这个世界。相互套叠的柏拉图多面体,每一个都可以被纳入一个球体中,一个套一个。这样的概念对启蒙时代的自然科学家们来说,似乎就像一变量的平方应该与另一变量的立方成正比一样似是而非。虽然开普勒的第一次假说被证明是其丰富的想象力所虚构出来的,但第二次假说却成为载入史册的重大发现。

很长一段时间,开普勒三大定律只被当作有关数字的珍奇现象。那个时代的自然哲学家都是虔诚的信徒,他们相信那些定律之所以成立的原因——如果确有原因的话,必是将永存于上帝永恒智慧之中的一个难解之谜。直到1687年,牛顿(Isaac Newton)巨著《自然哲学的数学原理》(*Philosophiae Naturalis Principia Mathematica*)问世,开普勒定律才有了坚实的理论基础。这位英国物理学家提供了数学证明,证实了行星运动不仅遵循神圣的法则,而且必然沿着椭圆形轨道运行。

与牛顿同时代的人没有欣然接受他的万有引力定律。虽然每个人都了解拖拉马车它就会动,但人们需要具有丰富的想象力才能接受不需碰触拖杆、马车也可以移动到远处这个事实。然而,牛顿的模型仍需要一种神圣的力量来扮演管理者,由他来处理诸如稳定性和能量耗损等问题。直到牛顿的法国后继者、理论力学先驱拉普拉斯(Pierre-Simon de Laplace),才废除了上帝制定世界秩序这个假说。

尽管牛顿似乎理性至上,但信仰虔诚的他却从未停止涉猎秘传科学、神秘学和数字命理学。开普勒的癖好是占星学,牛顿则沉迷于炼金术,而且后半生痴迷于此。他夜夜寻找传说中的"点金石"①,结果当然徒劳。总之,他曾因混合和倾

---

① "点金石"是一种神奇物质,据说能使一般的非贵重金属变成黄金,也可以借此制取长生不老的灵药,也称"哲人石"。——译注

注有毒物质而导致化学中毒,原因可能是水银。不过,当时钻研炼金术被视为时尚之举,即使自然科学家也是如此。为了阅读《摩西五经》(*Five Books of Moses*)原文,牛顿甚至自学希伯来文。据称上帝的秘密定律隐藏在《圣经》中,他进行了数千页深奥的数字命理学计算,试图从经文中得到科学信息。在花了数百个小时揭开那些定律后,牛顿得出不可避免的结论:世界会在 2060 年毁灭……而如果不是那时,那一定就在 2370 年。

与此同时,越过英吉利海峡,在汉诺威居住着莱布尼茨(Gottfried Wilhelm Leibniz),他与牛顿一样聪明,各方面旗鼓相当。莱布尼茨的智识超前那个时代几十年,在他众多的事例中,最著名的一项是提出了以二进制数字系统为基础的计算器概念。

说到神秘主义,莱布尼茨与他的英国对手也不相上下。对莱布尼茨来说,二进制的 0 与 1 这两个数字不只是一种计算工具,它们完全就是了解万物起源的钥匙。1 代表上帝,0 代表虚无。数值 7 代表创世纪第七天,也就是安息日,用二进制法写就是 111,而这是三位一体的象征……诸如此类。"当上帝进行计算时,世界被创造出来",他写道。莱布尼茨坚持认为二进制不是他发明的,他只是发现了它。他深深折服于二进制,认为借助于这种方法,他可以让已经拥有阴和阳二进制符号的中国人改信天主教。

1869 年,毕达哥拉斯世界观再度盛行,当时门捷列夫(Dmitri Ivanovich Mendeleev)提出了一张化学元素周期表,将元素按原子的质量排序。尽管当时少有迹象显示还有其他化学元素存在,门捷列夫高瞻远瞩,在他的周期表中给尚未发现的元素留下了一些空格。在两种人类已知甚久的元素,即原子量 30 的锌与原子量 33 的砷之间的空白处,一定存在原子量 31 和 32 的元素。门捷列夫坚信这些空白总有一天会被填补。门捷列夫被证明是对的,仅仅几年后,镓和锗被发现了,它们的质量和门捷列夫预测的一致。

大约在同一时间,1885 年,瑞士教师巴耳末(Johann Jakob Balmer)被卡巴拉完全吸引,在研究数字命理学后,他建立了氢光谱波长的简单公式。30 年后,玻尔(Niels Bohr)利用量子力学对此做出了解释。

18 世纪末及 19 世纪初最重要的"数学之光"、后来被称为"数学王子"的高斯(Carl Friedrich Gauss)从幼儿时期起就对数字深深着迷。关于青年高斯的数学能力流传着许多趣闻轶事,他甚至在会说话之前就能进行精确计算。3 岁时,他订正了父亲薪资计算上的错误;8 岁时,他能立刻解答出一个别人耗时费力的问题——求前一百个整数之和,让老师大吃一惊。当然,成年之后的他从事更重要的工作。1798 年,高斯出版巨著《算术研究》(*Disquisitiones Arithmeticae*),凭借一己之力,将当时称为高等算术的数论研究推向了新高点。他著名的很多年后才公之于众的素数定理描述了素数在整数当中的分布情况。高斯终生都是虔诚的基督徒,他的数字研究与神秘主义毫不相干。对他来说,上帝和数论都是完满且完美的,并以"上帝会算术"表达这个信念。

19 世纪末,康托尔(Georg Cantor)彻底改变了数学世界,他创立了集合论,假设无穷有不同的大小。耶稣会士利用他的概念衍生出上帝的存在,宣称唯有上帝才可达到超级无限。康托尔马上表示与这样的诠释保持距离。另一方面,他展开大胆的神学思考,思索所有集合的集合——这种概念甚至不合逻辑,因此他的研究成果得不到普遍好评就一点也不足为奇了。他的对手甚至想办法奚落集合论。柏林的克罗内克(Leopold Kronecker)总结说:"上帝创造了整数,其余的工作由人来做。"一位美国数学家补充说,集合论是上帝的理论,最好留给上帝。20 世纪初最具影响力的数学家、哥廷根的希尔伯特(David Hilbert)则持相反意见。他大力支持康托尔,他的一段大声疾呼的言论非常著名:"没有人能将我们赶出康托尔为我们创造的伊甸园。"

康托尔花费多年时间研究之前无人理解的事物,又受到敌视,这些遭遇对他产生了很不利的影响,他一生都受抑郁症之苦。康托尔去世前的最后几年在精神病院度过,于 1918 年去世,而关于他的集合论的争议从未停息。

甚至到了相当近期，也不是所有的自然科学家都对数字神秘主义持嘲笑态度。即便没有任何证据证明爱丁顿爵士（Sir Arthur Eddington）的假设，这位 20 世纪最著名的天体物理学家之一坚信，宇宙的半径、质量和年龄的数值，以及光速、引力常数等，彼此之间保持着某种和谐的关系，多数同行对这位年长科学家所玩的深奥的数字游戏则报以一笑。

有一个人没有笑，那就是爱丁顿的同胞、科学同事、物理学家和诺贝尔奖得主狄拉克（Paul Dirac）。狄拉克非常迷恋数学之美，他主张，如果要在两个理论中做选择，一个丑，另一个美，那么即便丑的理论较切合实验数据，美的理论最后还是会胜出，并以此来证明毕达哥拉斯世界观的正确性。虽然狄拉克扬弃科学方法，他在以美的方程式表达自然方面所做的探寻，却被证明是非常有用的。在追寻美感愉悦公式的过程中，他得出一个方程式，巧妙地将相对论与量子力学结合起来。不幸的是，这个方程式有两个独立的解，其中之一乍看毫无意义，但因为它太美，狄拉克舍不得放弃。他的坚持是值得的，这个无意义却美丽的解是反物质存在的第一个迹象。"上帝应用美丽的数学创造了这个世界"，他心怀敬畏地这样表示。与此同时，爱因斯坦认为他可以在上帝的宇宙中发现人类的特质，他这样说道："上帝是难以捉摸的，但他没有恶意。"

哲学家和诺贝尔文学奖得主罗素（Bertrand Russell）也很重视数学中的美。他写道："公正而论，数学不仅拥有真理，而且拥有至高无上的美：一种冷峻而严肃的美，就像一尊雕像。"剑桥数论家哈代（G. H. Hardy）坚决主张"美是首要标准，丑陋的数学不可能永世长存"。以此为标准，最完美表现数学美的无疑是瑞士数学家欧拉（Leonhard Euler）1748 年证明的非凡公式 $-e^{i\pi} + 1 = 0$。通过加、减、乘和幂运算，5 个基本数学常数被联结在一起，也就是自然对数的底数 e、i、圆的周长与直径之比 π、1 和 0 等形成一个简洁的公式。

数字神秘主义者想通过数字来理解宇宙，预测未来。在这一点上，他们与科学家同仁相去不远。对许多人来说，科学发现通常源自他们毕达哥拉斯式的直觉,而非理性分析。这一点至关重要,虽然他们的同仁并不愿意承认这一点。现今的研究者已拥有技术性的统计工具,例如回归分析法,可以客观地寻找数据间可能的相互关联。但这些工具也可能被误用。所谓的"数据采矿者",即现代版的数字神秘主义者,让一切事物都与其他事物产生关联,方法是寻找仅以"后见之明"看来才可能存在的关系,使其似乎可信。然后再提供适当的理论支撑,支持论述的正确性。但这些都是事后诸葛亮的做法。

在这一时期,毕达哥拉斯式宇宙观达到了新的高度。20世纪中叶,图林(Alan Turing)和冯·诺伊曼(John von Neumann)预示了电子计算机时代的到来。前不久沃尔夫勒姆(Stephen Wolfram)出版《一种新科学》(*A New Kind of Science*)一书,宣称整个宇宙是一台巨型计算机,透过重复执行简单规则的计算生成复杂的事物。人类已从毕达哥拉斯的名言"万物皆数",进展到对应的现代版的"万物皆计算"。

小数点后第十五位数字之谜

◆ **摘要:**知道小数点后第十五位数字有什么好处？为什么数学家要花时间做这类计算？只需要一台手提电脑、一套最新商用软件和一种源自 17 世纪的近似法,你就能解决今日的数学难题。

在数学常数中,π 和欧拉数 e 被视为绝对的明星。其他还有很多常数,但都不及这两个常数出名。如在直角三角几何学中扮演重要角色的李特伍德—塞勒姆—泉常数就是一例。

一些三角函数如正弦、余弦和正切函数等,在物理学、工程学及测量学上得到广泛应用。另一方面,纯数学家则对函数的理论一面更感兴趣。举例来说,把三角函数乘上某个系数后再相加,结果会如何？更多项连续相加之后,总和会不会趋近一极限,或者趋于无穷？在 1935 年出版的经典教科书《三角级数》(*Trigonometric Series*)中,波兰数学家齐格蒙德(Antoni Zygmund)证明某一连续的余弦函数的和取决于某个参数。若该参数大于一定值,和为有限;若小于该定值,和则趋向无穷。齐格蒙德在证明中提到李特伍德(John E. Littlewood)、塞勒姆(Raphaël Salem)及泉(Shin-ichi Izumi)3 人未发表的研究成果,所以这个值被称为李特伍德—塞勒姆—泉常数。为了求这个常数的精确值,某个积分的值必须等于0,而这正是难处理的部分。因为该积分不完全可解,只能算出近似值。

1964 年,当时计算机科学尚处于初级阶段,西北大学两位数学家在期刊《计算数学》(*Mathematics of Computation*)上发表了一篇短文,称该常数的值介于 0.30483 与 0.30484 之间。他们在 IBM 制造的 709 数据处理系统——当时最快、最先进的计算机系统之一——上使用近似方法,计算出该积分的"根",也就是积分值恰为 0 的值。但不过 6 个月后,马萨诸塞州斯佩里兰德中心的邱吉(Robert Church)对他们的研究泼了冷水。他提交了一篇短文,在文中警告同行,说他们计算出来的数字从小数点后第三位开始就错了。

1964 年 10 月 28 日,邱吉把文章投稿到《计算数学》。不到 6 个星期,密苏里州中西研究所的数学家路克(Yudell Luke)、菲尔(Wyman Fair)、库姆斯(Geraldine Coombs)和莫兰(Rosemary Moran)确认了邱吉的研究成果,不仅如此,他们还把邱吉的工作提高了一步。他们以 IBM 162 科学计算机执行运算,把李特伍德—塞勒姆—泉常数算到小数点后第十五位。

接下来是历时 45 年的沉寂。2009 年,《计算数学》再次刊登了一篇探讨这个常数的论文,文章以符合时代潮流的电子形式发表。在那篇论文中,塞维亚大学的西班牙数学家德雷纳(Juan Arias de Reyna)和荷兰同行、阿姆斯特丹数学与计算机科学中心的范·德鲁内(Jan van de Lune)一起,发表了两人再次计算出的那个常数,精确度大幅提高。他们利用 17 世纪牛顿和拉弗森(Joseph Raphson)提出的方法求函数和积分的近似根。借助于这项旧时的方法在最新式机器上的运用,他们用一台手提电脑,在 20 分钟内计算出了这个常数小数点后第 5000 位上的准确数字。

有人很可能会问,为什么数学家要花时间或者说浪费时间做这类计算。知道小数点后第 5000 位数字有什么好处?嗯,让德雷纳和范·德鲁内感兴趣的,不只是更精确的李特伍德—塞勒姆—泉常数值,两人解释说,他们感兴趣的是可以用来执行计算的方法。他们想证明:要解决今日的一些数学难题,只需要一台手提电脑、一套最新商用软件如 Mathematica,以及一种源自 17 世纪的近似计算法。

消失的笔记本

◆ 摘要：美国数学家在剑桥三一学院图书馆偶然发现一卷拉马努金的笔记手稿，发现这本笔记"在数学界造成的轰动，几乎与发现贝多芬《第十号交响曲》对音乐界造成的轰动一样大"。

印度数学家拉马努金（Srinivasa Ramanujan，1887—1920）不是普通意义的天才，他仅仅自学数学一年，然后在剑桥的良师益友及研究伙伴哈代的关心和引领下，在不幸而短暂的一生中做出了开创性的成果。其中一些成果让几代数学家忙碌一生。

拉马努金32岁疑因结核病过世，去世前两个月，他写了最后一封信给哈代："最近我发现了非常有趣的函数，我称之为'拟'θ函数，"他写道，"与'伪'θ函数不同……它们成为数学的一部分，如普通θ函数一样优美。随信附上一些范例……"。他为自己的发现取这个怪名字，是因为他认为新发现的函数与19世纪初雅可比（Carl Gustav Jacobi）提出的θ函数有一些相似之处。

在信中，拉马努金提出了17个神秘的幂级数，但他既没有给出定义，也没有说明建立这些级数的方法，没有线索显示为什么他认为这些级数意义重大，他甚至没有指出它们是否存在共性。很可能他向哈代透露了更多明确的信息，但我们将永远无从知晓,因为信件的前几页已经遗失。然而,由于拉马努金对深奥的数学关系具有异乎寻常的感受力,多数数学家相信,这些函数背后必定隐藏着某种重要的理论。

拉马努金逝世后,他的遗孀将丈夫的笔记本赠给印度马德拉斯大学。笔记本里密密麻麻地记载着他全部的 3542 项定理。马德拉斯大学随后将这些笔记本转赠给剑桥大学,自此之后,数学家们巨细靡遗地仔细查阅这些笔记,希望能发现更多珍贵的东西。1976 年,一位数学家有了意外收获。美国数学家安德鲁斯(George Andrews)在剑桥三一学院图书馆偶然发现了拉马努金的笔记手稿,共 138 页,此前没有任何人翻看过,这些手稿记录了这位印度数学家生前最后一年的研究成果。这项发现很快以"拉马努金丢失的笔记本"而广为人知。根据一位专家的说法,发现这本笔记本"在数学界造成的轰动,几乎与发现贝多芬《第十号交响曲》对音乐界造成的轰动一样大"。检视这本笔记本时,数学家又发现了两种拟 θ 函数(1930 年代,一位英国数学家独立发现另外 3 种此类函数)。

在接下来的数十年里,这些神秘的幂级数被应用于多个不同领域,如数论、概率、组合数学、数学物理、化学,甚至癌症研究等,但对这些级数的了解没有取得任何进展。数学家证明了拟 θ 函数运用的定理,却完全不了解这些神秘事物的真面貌。这些函数在纯数学领域内外都得到广泛应用,可见它们必定属于某个重要的理论,只是尚待发现。

第一次重大突破发生在 2002 年,荷兰数学家茨魏格斯(Sander Zwegers)证明拟 θ 函数是所谓实解析的模形式①。实解析的模形式在数论(如费马定理的证明)、代数拓扑、函数论或弦论中扮演重要角色,但根本的问题仍然未解:这些函数源自哪个重要的理论呢?

---

① 模形式指数学上一个满足一些泛函方程与增长条件、在上半平面上的(复)解析函数。——译注

　　这时,威斯康星大学麦迪逊分校的布林克曼(Kathrin Bringmann)和小野(Ken Ono)登场了。在他们一系列的开创性论文中,两位数学家证明拟 θ 函数属于一种新理论,这种新理论将古典模形式与所谓的调和马斯形式①联系了起来,后者是现代的模形式通则。由此,拉马努金谜题终于解开了。此外,他的笔记还指出,拟 θ 函数不是只有既存的 20 多个,而是有无限多个。在这个理论的指引下,布林克曼和小野才得以证明数论中一些存在已久的猜想,拉马努金手稿的重要性由此可见一斑。

————————

① 调和马斯形式是 1949 年由德国数学家马斯(Hans Maass)提出的实解析特征函数。——译注

迂回的数学证明

◆ **摘要**:数学证明不是对就是错,数学没有灰色地带。数学界许多人不接受借助计算机证明定理这种方式,戏称那是暴力法。

开普勒猜想的证明花了 400 年时间,甚至在那项证明公之于世的 6 年后,仍然有许多数学家在专心致志地思索这个证明问题。1611 年,开普勒提出排列球体最有效率的方式是以金字塔形式堆栈,如同世界各地杂货摊老板堆放西红柿、苹果和柳橙那样,但证明这个看起来显而易见的观点却出乎意料地困难。直到 1998 年,密西根大学数学教授黑尔斯(Thomas C. Hales)才借助计算机成功证明了开普勒猜想。数学界许多人不接受这种证明定理的方式,戏称那是暴力法①。

普林斯顿高等研究院的麦克弗森(Robert MacPherson),也是著名期刊《数学年刊》(*Annals of Mathematics*)的编辑,希望刊登这个证明。依照所有科学文章的发表惯例,他请专家严谨地审查这篇论文。12 位数学家仔细研读数百页计算机计算出来的结果,细察和质疑每一个细节。5 年后,他们认输了。虽然他们没有发现谬误、缺失或程序错误,但还是觉得不安,因为不可能检查每一行计算编码,

---

① 指——测试所有的可能值,以找出正确解答的方法。——译注

重新进行每一步计算机运算,因此,他们无法绝对肯定这个证明的正确性。数学家们又气又累,说他们没法保证这个计算机辅助证明绝对正确。

期刊编辑没有退回这篇在那段时间已经声名大噪的论文,准备采取折中的做法。他们决定刊登这个证明,但附加免责声明,提醒读者计算机辅助证明本身存在的问题。许多同行并不认同这种做法。数学证明不是对就是错,数学没有灰色地带。附加免责声明无异于让人怀疑黑尔斯的研究和他的学生弗格森(Sam Ferguson)。

解决这种困境需要明智的决策。期刊编辑最后的解决方式是把论文分成两部分,2005 年 11 月,《数学年刊》发表了第一部分,只讲述证明的策略。第二部分包含较多具争议的内容,2006 年在期刊《离散与计算几何》(*Discrete and Computational Geometry*)上以 6 篇系列文章的形式发表。

虽然《数学年刊》或可说为困境找到了出路,它的做法却不完全一致。2003年,经过 7 年的等待后,《数学年刊》刊登了 3 位数学家撰写的一篇文章,描述计算机如何进行百万次运算,以找出一个问题的 7 个特例。罗格斯大学的泽尔伯格(Doron Zeilberger)拥护计算机证明,认为《数学年刊》有时采用双重标准。但他承认,处理像证明开普勒猜想这样存在已久又颇具声望的问题时,必须设定稍高的标准。

条条大路通罗马

◆ **摘要**：走绿色那条街到下一个交叉口，然后继续走绿色的街，接着换蓝色的那条……就这样一直走下去，直到到达目的地。遵循数学指令就不会在街道迷宫中迷路！

如今，驾驶员在街道迷宫中迷路后，常见的做法是打手机给朋友求助，询问如何抵达目的地。他只需要告知自己当下的位置，友人就可以给予指示。但如果连驾驶员都不知道自己身在何处，而朋友却能帮上忙，是不是更好？譬如说，驾驶员迷路了，又看不懂路牌，因为那是用外文写的。让我们再假设，所有街道都用两种颜色标示。那么指路的方式会是："走绿色那条街到下一个交叉口，然后继续走绿色的街，接着换蓝色的那条街。到下一个交叉口时，再走绿色那条，然后继续走绿色那条，接着转蓝色那条街。就这样继续走下去，就到我家。"这整个事件最引人注目之处是，无论从哪里出发，反复依照绿—绿—蓝的指示，驾驶员最终都能到达目的地。友人指路之前，根本不需要问驾驶员当时在哪里。

有没有遵循这种指令就行得通的迷宫呢？这类问题通称"街道着色问题"，源自图论。图形是由许多节点及联结这些节点的边组成的网络，可用以模拟现实世界系统，如因特网（节点代表路由器，边代表这些路由器之间的联结）、航线网络(每个节点是一座机场,每个边是一段航程)或城市道路网(节点表示交叉口,边是从一个交叉口到另一个交叉口的街道)。

想象有一个网络,其中每一个节点通向其他节点的边数相同,此外,每一个节点也可以经其他任一节点到达,路径可能是经由许多不同节点的曲折路径。这里的问题是,是否可以为这种网络的边标以不同颜色,以便根据前述那种简单的指令组合到达目的地。1970年,两位数学家猜想,符合一项技术条件的网络,确实可以用这种方式着色(这项技术条件是,图中所有的回路——也就是会回到同一节点的环——的边数,必须"互质"。这表示若有一个回路包含的边数是3,该图形中其他回路的边数必定不能是6、9、12……)。

然而,这两位研究者无法证明他们的猜想,这个问题几乎被遗忘了近40年。偶尔有数学家找到了特定网络的部分解答,1970年以来,共有16篇关于这个问题的文章公开发表,但直到最近,这项猜想是否正确仍然是个未知数。

2008年,这项猜想被证实的消息出人意料地传遍网络。入籍以色列的数学家特拉特曼(Avraham Trahtman)证明所有满足该技术条件的图形都能以上述方式着色。这项成果不仅仅是在纯数学上取得的智识成就,或许它更大的意义是证明了计算机科学的实用重要性。它说明,在某些情况下,数据输入的错误或其他干扰很可能无关紧要。就像在街道迷宫中迷路的驾驶员打电话求助时不需要知道自己的确切位置一样,计算机程序可以借助简单地重复指令,从不正确状态回到正确状态。

当然,证明存在着一种着色方式能让驾驶员找到通过街道网络的正确路径只是第一步,下一步是找出需要用哪几种颜色为哪些边着色。最近,两位法国数学家提出一套计算机算法,据说能在一段合理的时间内,计算出网络的适当着色方式。

特拉特曼经历不凡。这位数学家来自俄罗斯乌拉尔山地区的叶卡捷琳堡,曾在乌拉尔州立大学研读数学,后来任教于斯维尔德洛夫斯克理工大学15年。1984年,他因"反苏维埃活动"失去教职,罪名是写了一封公开信抗议当时的斯维尔德洛夫斯克州苏共书记。

有 7 年时间,特拉特曼靠打零工写计算机程序勉强糊口,很久之后才又谋得教育研究所的一个教职,1992 年他移居以色列。随着苏维埃政权的瓦解,百万犹太人离开苏联前往以色列,其中有许多天资聪颖的数学家,但他们发现很难在以色列 7 所大学中找到工作。发表过数量可观的数学文章的特拉特曼也是其中之一,他没法在专业领域找到工作。特拉特曼当了两年门卫、代课老师和警卫,最终于 1995 年,终于获得位于特拉维夫的巴伊兰大学的教职。

数字背后的秘密

◆ **摘要**：英国数学家哈代"人生中一段浪漫的插曲"，是让印度数学家拉马努金灵感涌现，揭开隐藏在一些数字或一连串数字中的秘密。

小学生也会分数的乘除，因此，假设每个人充分了解分数的基本算术运算并非毫无根据。然而，高等数学对于处理这个议题仍感困扰。以分数 $1/2, 2/3,$ $3/4, 4/5 \cdots n/(n+1)$ 数列为例。现在从这些分数中随机选择几项，把它们相乘或相除，得到的结果还是分数，然后尽可能化简这个分数。现在的问题是，以这种方式得出的分数的最大分子是多少？

过去已经有几位数学家研究过这个问题以及与此类似的问题。2005 年，法国两位数学家布勒泰谢（Régis de la Bretèche）和特南鲍姆（Gérald Tenenbaum）与他们的美国同行帕默伦斯（Carl Pomerance）合作，开展了另一项研究，这项研究发表在当年 4 月号的《拉马努金期刊》（*Ramanujan Journal*）上。

这本期刊以拉马努金命名，一名从记账员变成卓越数学家的印度人。1887 年，拉马努金出生在距真奈（旧称马德拉斯）400 千米小村庄的一个虔诚的婆罗门家庭里，在早期阶段就展现出了不寻常的数学技能。拉马努金没有接受过任何正式的高等教育，仅靠阅读就精通了从别人那借来的数学书籍，独自习得数学技巧。在印度他多年做着与他的潜质毫不相称的苦工。拉马努金经常疾病缠身，总是一贫如洗，但他投入所有空闲时间研究数学。最后，拉马努金鼓起勇气给英国重要的数学家们写信，并附上了一些研究成果，但他采用的方法太新颖，表达又模糊不清，多数收信人都是著名的数学家，但是他们直接把信给扔掉了，他们认为这位印度职员不是骗子就是怪人。这位寄信人只缺他们看重的教育背景，但有一位教授注意到了他，那就是剑桥的哈代，当时最著名的数学家。他一眼就看出拉马努金所提出的定理非常迷人，而且很快意识到这个来自印度的年轻无名小卒是名杰出的天才数学家，"一个全然具有卓越的独创性和力量之人"。

哈代立刻邀请拉马努金造访剑桥三一学院，但花了好几年时间，哈代才说服这个极为传统的印度人前往英国。身为婆罗门，出国对拉马努金来说是禁止的。最终，师从世界上最好的数学家并且比肩研究的期望占了上风，他在 1914 年订了船票前往剑桥。拉马努金与哈代之间发展出一种最富成效的合作关系，哈代小心翼翼地引导他的门徒趋向数学的严谨，同时不致扼杀他对数学的直觉。拉马努金待在英国的 6 年间，这两个个性迥异的人一直合作无间。哈代和拉马努金两人的信念、工作风格和文化都迥然不同，哈代是无神论者，依循严谨证明的传统信仰，而拉马努金则是虔诚的教徒，多半依靠直觉。但两人发展出了深厚的关系，对哈代而言，这是"我人生中一段浪漫的插曲"。这位剑桥大人物能够填补拉马努金的教育空白，但又留心不干扰这位印度年轻人的灵感涌现。拉马努金没有让他失望，在哈代的指导下，不过 6 年时间，他就取得了惊人的成果。他有一项能力享有盛名，就是能够揭开隐藏在一些数字或一连串数字中的秘密。拉马努金后来成为英国皇家学会史上最年轻的会员之一，也是第一个获选三一学院院士的印度人。

但这位印度人在剑桥始终感到孤寂，饱受压力和思乡之苦。没有素食可能也让他苦恼，因为他的宗教信仰只容许他吃素，但当时正值第一次世界大战，新鲜食物匮乏。1919 年,他决定不再忍耐,拖着早已因病而孱弱不堪的身体返回了印度,回到一直守候着他的妻子的身边。不久他就过世了,年仅 33 岁,遗物数量庞大。时至今日,仍有研究者埋头钻研他的笔记,希望发现更多隐藏的宝藏。

《拉马努金期刊》创刊于 1997 年,一年发行 4 期,致力于开拓因这位极富才华的印度人而丰富多彩的数学领域。这本期刊无疑是那些探讨高等算术问题文章的最佳发表场所,例如本文开头提到的那类问题。3 位作者在论文一开始就提到,在任何情况下,分子最大值必定小于 $1 \times 2 \times 3 \times \cdots \times (n+1)$。然而,这是一个非常大的上限,当 $n = 15$ 时,得出的值已达 20 兆。我们所知的是,那个分子必定小于此上限。这项讯息没有太多效用,仅仅更强化了必须限定分子最大边界值的必要性。3 位数学家证明当 $n = 20$ 时,分子最大值介于 1 兆至 10 万兆之间,这是一个相当广的范围。就前一千个分数($n = 1000$)的集合而言,分子的最大值介于大到无法想象的数 10^{600} 与 10^{2000} 之间。那些雄心勃勃急于开创事业的数论家努力尝试为这个区间建立更窄的边界。

本文结束之前,让我做个简短的评论,以消弭数学家是思维狭窄的科学家这种错误的假象:撰写上述论文的 3 位作者之一的特南鲍姆,不仅在法国南锡第一大学(Université Henri Poincaré)任教和开展研究,还以写作闻名。他出版过剧本《三则小品》(*Trois pieces faciles*),还有两部小说《在阴影边缘约会》(*Rendez-vous au bord d'une ombre*)和《日程》(*L'ordre des jour*)。这 3 部文学作品应该可以改变人们认为跟数学家只能谈数字的刻板印象。

素数的秘密生命

◆ 摘要："任意长度"不等于"无限长度"，被迫估算一些"讨厌的"表达式的大小后，数学界的莫扎特找出了素数等差数列的答案。

2004 年,两位数学家在网络上发表了一篇论文,他们在文中证实了一项当时尚未得证的素数猜想:存在任意长度的等差数列,所有项皆为素数。等差数列是可表示为 $a + bk$ 的数列,其中 a 和 b 为固定整数,k 为介于 0 与任一上限之间的整数值。若此数列的所有项皆为素数,我们称其为素数等差数列。数列 5,11,17,23,29 可写成 $5 + 6k$,k 为 0—4,就是素数等差数列一例。现已知最长的素数等差数列有 22 项,其中一项为 11 410 337 850 553 + 4 609 098 694 200k。

早在 1770 年,法国的拉格朗日和英国的华林(Edward Waring)便研究过素数等差数列。他们感兴趣的问题有二:特定长度的素数等差数列是否有无限多个？是否存在任意长度的素数等差数列？1939 年,荷兰数学家范德科普特(Johannes van der Corput)证明存在无限多个长度为 3 的素数等差数列。其他长度的情况仍然未知。尽管数学界有很多人猜测任意长度的素数等差数列确实存在,有效的证明却一直付之阙如。

接下来,27 岁的剑桥数学系毕业生格林(Ben Green)和 29 岁的加州大学洛杉矶分校的同行陶哲轩(Terence Tao)登场了。陶哲轩以 21 岁之龄取得博士学位,被誉为数学界的莫扎特。他们肯定地回答了上述两个问题:对任意给定长度,都存在无限多个比该长度更长的素数等差数列。

格林和陶哲轩决定先处理由 4 个素数组成的等差数列问题。他们的做法是把素数嵌入"殆素数"集合中,殆素数是可表示为素数乘积的数。这让他们的工作容易得多,因为已经有合适的数学工具处理殆素数,但他们很快又被困住了。如陶哲轩所述,他们被迫估算一些"讨厌的"表达式的大小。在克服这个困难的过程中,陶哲轩和格林发现,他们的工作进程有些类似于所谓的遍历理论,这是受物理学启发的一种统计学理论。这一洞察促使他们改变了方向,开始用较简单的方法处理 4 个素数组成的等差数列。更重要的是,这个新方法让陶哲轩和格林将他们的证明扩展至任意长度的素数等差数列。

研究少有一帆风顺,在格林和陶哲轩获得突破性进展之前,他们发现自己又落入困境。他们面对的情况是,必须将任意长度的数列的余项缩为 0,这项障碍似乎难以克服。一次和在加拿大工作的英国数学家格兰维尔(Andrew Granville)的偶遇,成为解救他们的契机。格兰维尔告诉他们,他发现戈德斯通(Daniel Goldston)和耶尔迪里姆(Cem Yildirim)前一年提出的所谓孪生素数猜想的证明有一项错误,他俩掩盖了……一个余项,但一人之失是另一人之得。戈德斯通和耶尔迪里姆失败的方法恰恰成为格林和陶哲轩的工作基础,他们用此方法处理他们的余项,结果成功了。他们做出了正确的估算(戈德斯通可以稍感安慰,他最初对完成那项证明的看法果然是正确的:"无论结果如何,我相信从中可以发现一些有趣的数学。")。

这里要提醒一点:"任意长度"一词绝对不可以与"无限长度"一词混淆。前者仅指对任一给定上限,存在比此上限更长的素数等差数列。从下面的说明可知无限长度素数等差数列不存在的原因:等差数列 $a + bk$(a 和 b 为常数,$k = 0$、1、2……)最后到项 $k = a$ 时,将包含一合数,我们得到的项是 $a + ba = a(1 + b)$。

这个数可以被 a 和 $(1+b)$ 整除。因此,它不是素数。

然而,陶哲轩和格林 50 页的专业论文并未提到即将会有一些多于 22 个项的素数等差数列被发现。他们的证明是非建构性的,只证明了任意长度数列的存在,而非如何找出它们。

第2章
数学的日常应用

邮票、硬币与麦乐鸡块

◆ **摘要**：用不同面值的邮票组合邮资、用确切数量的零钱购物、组合任意盒数购买麦乐鸡块……凡人的问题解决了，数学家的问题即将开始。

　　有一种感觉非常熟悉，至少对我们这些在电子邮件出现之前已经出生的人来说如此。写好一封信，塞进信封里，封口，然后才想起来，邮局已经关门了。幸好抽屉里有一些邮票，正好可以派上用场，于是问题迎刃而解。但凡人的问题解决了，数学家的问题出现了。他们自问，假定有各种不同面值的邮票，粘在一个给定大小的信封上，可以容纳的最高邮资是多少？举例来说，有面值为1、4、7、8分钱的邮票，在一个最多可以容纳3张邮票的信封上，那么信封上的邮资介于1分钱至24分钱之间。

　　这个所谓"邮票问题"可回溯至1937年，当时德国数论家罗尔巴赫（Hans Rohrbach）在一篇论文中首次描述了这个问题。此后关于这个问题的研究不断涌现，时至今日仍有从不同侧面阐明这个问题的文章发表。这一切都证明了，用最少量邮票组合出一特定邮资的问题并不容易解答。事实上，如同加拿大滑铁卢大学的沙利特（Jeffrey O. Shallit）所说的，这个问题极其错综复杂。沙利特证明，随着邮资的增加，计算机用以计算邮票最适配置所需的时间也大幅增加。

印度数学家特里帕蒂(Amitabha Tripathi)在《整数数列期刊》(*Journal of Integer Sequences*)上发表了一篇文章,研究邮票问题的一个特例。他假定邮票面值以一定值增加。举例来说,以 7 分钱为增值,有 1、8、15、22 分钱面值的邮票组合。特里帕蒂提出了一个可以计算最高金额的公式,不高于这个金额的所有邮资,都可以用一定数量的这些邮票组合出来。因此,如果最多能贴 10 张上述 4 种面值的邮票,那么所有不高于 94 分钱的邮票组合都能贴到信封上。

另一个对邮票数量没有任何限制的问题称为"硬币问题"。这个问题与德国数学家弗罗比尼斯(Ferdinand Fröbenius)有关,他以用一定数量的零钱购物这一情况说明这个问题,可用的特定面值的硬币量是一定的。与邮票问题相反,硬币问题让人感兴趣的是下限:在多大金额以上,任何购物都能以可用的硬币支付? 英国数论家西尔维斯特(James Joseph Sylvester)在写给英国《教育时报》(*Educational Times*)编辑的信中,提供了这个问题的答案。如果只有两种硬币 A 和 B,除了 1 之外,两者没有公因子(因此它们"互质"),那么,所有高于 $A \times B - A - B$ 的金额都可以用这两种硬币支付。举例来说,如果有 5 分钱和 2 分钱的硬币,那么总额为 4 分钱或更高的金额都可以用它们支付。有 5 分钱和 13 分钱的硬币时,只有购买 48 分钱(7 个 5 分钱硬币加一个 13 分钱硬币)或更高金额的商品时,才能用这两种硬币支付。低于 48 分钱的许多金额无解。有一个计算机程序可以找出 3 种不同面额硬币的支付金额下限,而 4 种或更多种硬币的情况仍然无解,只有估计值。

邮票与硬币问题还有另一种版本:"麦乐鸡块问题。"这个问题谈的是麦当劳的鸡块,以 6 块、9 块、20 块盒装售卖。所谓"麦乐鸡块数"是指任意组合盒数而买到(及吃掉)的鸡块数量。举例来说,要买 44 块鸡块,可以购买一盒 20 块装,加上两盒 9 块装,再加一盒 6 块装,但没有任何盒数组合可以组成如总数为 13、22 或 37 的鸡块。现在的问题是,最大的非"麦乐鸡块数"是多少,也就是无法通过组合盒数买到的最大鸡块数? 答案是 43。任何大于这个数字的鸡块数都可以买到。当麦当劳菜单推出 4 块装的快乐儿童餐后,最大的非"麦乐鸡块数"降到 11。

　　与邮票问题、硬币问题及麦乐鸡块问题相关的问题,还有找零钱时最高效的硬币组合、一国货币的最适面值等问题。美国有 5 种不同的硬币:1 分、5 分、10 分、25 分以及很少用的 5 角。假设所有价格出现的概率相同,一般而言商店老板需要 4.7 个硬币用于找零。沙利特做过计算,如果铸造 18 美分币值的硬币替换 10 美分的硬币,找零钱时所需的硬币数会减少 17%。欧洲的情况也一样,增加一种 1.33 欧元的硬币,可以将找零钱所需的硬币数从平均 4.6 个减少至 3.9 个。不过大家最好别去想像结账时柜台上发生的混乱。

排队的（不）
公平性

◆ **摘要：**没有人愿意排队，包括数学家在内，不管排什么队都一样。排队这种不愉快的麻烦事，能用数学理论来解决吗？

　　没有人喜欢排队，包括数学家在内，即便只要他们愿意，他们可以把关于队伍和排队的专业知识应用到实际中来。排队就是浪费时间，特别在滑雪度假时。瑞士弗利姆斯高山度假区引进新式六人座高速缆椅，就是个恰当的例子。几年前，这种座椅取代了 1960 年代生产的老旧双人座缆椅和丁字架①。

　　旧缆椅每小时的总运输量是 3450 名乘客，而这个最现代化的新型缆椅每小时单程即可载运 3200 人——当然前提是在运作不出差错的情况下。但在运转的第一年，缆椅总出故障，无法实现缆椅预期的平稳运转时的最大载荷。在新缆椅刚开始运行时，每小时最多只能载运 2700 名乘客上山，不仅建造商大失所望，而且度假区的旅游局，当然还有滑雪游客也都很失望。

　　对来到这里的滑雪者来说，不顺当的开始表现为排在缆椅队伍后面的滑雪客，比能坐上缆椅的人多，结果是起点站开始排起一列队伍，而且每分钟都在变

---

① 一种利用缆绳运送人员上下山的简易 T 形装置。——译注

长。接近中午时,滑雪者必须等上 30 分钟。如果这时候没人放弃在当天剩下的时间里上山滑雪,队伍每小时还将增加约 500 人。

关于这烦人的冗长队伍,当然有适用的数学理论。最早发展出相关数学理论的是丹麦数学家厄朗(Agner Krarup Erlang),1900 年代初,他在哥本哈根电话公司工作,负责解决这类问题:需要多少线路和多少接线生,才能提供令人满意的电话服务? 在检测可能在同一时间打入交换台的电话数时,他发展出一个公式,可以算出所有线路同时忙线的概率。经过后来的几次改进,厄朗的公式也能用于计算平均等候时间,而且时至今日仍然适用,例如客服中心就用以估算所需的电话线路数量。

对于不谙此道者,排队是件很不愉快的麻烦事,不管排什么队都一样。无法描述,也没有避开排队的好方法。喔,嗯? 有好方法? 每一个队伍都一样? 当然不一样,至少对能看出一个队伍与另一个队伍重要的细微差异的专家来说如此。表征排队的一项特性是排队者加入队伍的时间分布:排入队伍的时间是随机且相互独立的吗,就像开进收费站的汽车? 抑或排队者以特定规律出现,如同旅客抵达机场安检处,他们到达的时间取决于飞机降落时间?

因此,排队远不只是一大群悲惨的人等候接受服务,排队的一项重要特征是队伍纪律。在人人遵守传统行为规范的国家里,队伍纪律决定了排队者接受服务的顺序。比如,根据排队者到达顺序提供服务,就像交通信号灯由红转绿后,汽车依序启动一样,但也可能以相反的顺序为排队者服务,如人们走出电梯的顺序。服务于等候的排队者还有另一种聪明方式,就是先服务那些需时最少的排队者。这种做法可以让所有排队者的等候时间总和最小。

1961 年,麻省理工学院营销学教授利特尔(John D. C. Little)总结出一个数学规律,虽然看似微不足道,后来却证明那是一个非常重要的定律,随即以他的名字命名为利特尔定律。这个定律说明,一列队伍中排队的平均人数,等于他们的平均到达率乘以待在队伍中的平均时间。若每小时有 60 人加入队伍中,且服务每个人的时间为 10 分钟,则平均而言队伍中总会有 10 个人。这个定律的卓越之处在于,不管到达时间、服务时间和队伍纪律发生什么变化,定律都成立。

既然排队涉及人及其行为,需要考虑的变量就不只是等候时间,心理因素也在其中扮演着重要角色,而数学家多半忽略这个因素。机场是很容易观察到这一点的地方,有两个航站楼的苏黎世机场就是最好的例子。第二航站楼有好几个值机柜台,旅客排队时自然会去排最短的那列队伍。但如果你所排的队伍中有一个旅客要求特殊或机票有问题,那就倒霉了,所有排在这列队伍中的人,不得不耐心等待这些费时的作业结束,与此同时,他们沮丧地看着其他队伍迅速向前移动。

机场另一侧的第一航站楼的设计则不同:排一列队伍等候所有的值机柜台,结果每个旅客的平均等候时间比第二航站楼里所需的时间短。令人意外的是,这一结论不一定会促使旅客舍弃第二航站楼而选择第一航站楼(如果旅客可以自行选择的话)。位于海法市的以色列理工学院的 4 位科学家分析了这个现象。他们发现,多数旅客误以为有多列队伍的排队系统等候时间较短,但这项研究也显示出一个矛盾:虽然感觉要等待比较久的时间,多数受访旅客仍偏好排单列队伍。研究者认为,这可归因于单列队伍的公平本质。显而易见,公平比等候时间更重要。

人 行 道 上 应 该 跑 还 是 走

◆ **摘要**：就快赶不上飞机了，但鞋带松了得停下来绑一下，这时是不是应该在自动走道上绑？或者在哪里都没有什么差别？

加州大学洛杉矶分校的数学家陶哲轩是现代数学巨星之一。他在青少年时期就被视为奇才，以12岁之龄赢得数学奥林匹克竞赛金牌（此前已经得过铜牌和银牌）。陶哲轩24岁升任加州大学洛杉矶分校教授，31岁获菲尔兹奖。

现在陶哲轩热衷于博客，他常利用自己的博客阐释授课内容的细节，滔滔不绝地讲述难解的数学问题，但他的博客不是只给同行或进修生看的，陶哲轩也在上面探讨日常事务和日常观察的数学背景。这就是数学之美：它存在于各种生活事件和各个寻常地方。

有一次，陶哲轩发现他快赶不上飞机了，必须从值机柜台飞奔到登机口。大多数机场的设计是，航站楼内的部分通道设有自动走道，以帮助旅客加速前进；自动走道旁则是一般路面。陶哲轩不愿放过探索这个未被关注过的数学难题的好机会，他在自己的博客上问读者下面的问题：如果旅客得稍停一下绑鞋带，他应该在自动走道上绑，还是在旁边地面上绑？此外，如果他只剩一点力气作短暂冲刺，如20秒，且其他路程以恒速行走，那他在自动走道上跑，还是在旁边地面上跑,比较有效率?

当陶哲轩在博客上提出这个问题后,世界各地的人纷纷做出回应,几天之内,陶哲轩就被这些响应淹没了。各种意见和计算结果蜂拥而至,其中不乏搞笑的。有人认为最好继续待在自动走道上,不必绑紧鞋带,等上了飞机再绑;也有人建议不要跑,因为这样可能会撞到其他旅客;还有人提醒在自动走道上绑鞋带很危险,因为鞋带可能被卷入机器里。有个呆瓜强调在走道上一定只能走,因为它叫"走"道(然而这引发又一个疑问:飞机在"跑"道上只能跑吗?)。

当然认真的意见也不少。有读者认为,在哪里绑鞋带、在哪里跑没有什么差别,因为要做的只是权衡一下时间的得失。另外有人将走路所花的时间、奔跑所花的时间和绑鞋带所花的时间进行一番加减乘除,然后把得出的结果与自动走道的速率、走路的速率、奔跑的速率进行一番比较。

当然,只有正确的计算才能得出正确的答案,我们马上就会公布答案,但有些非数学专业人士期望得到通俗解释的答案,而非以数学公式表述的答案。

一位数学家帮了忙。他请读者想象一对双胞胎,阿尔伯特和伯提,两人同时到达自动走道前,各有一只鞋的鞋带松了。伯提在踏上自动走道之前弯腰绑鞋带。阿尔伯特一踏上自动走道,同样弯腰绑鞋带。两人同样绑鞋带,同一时间起身,然后同样继续往前走,但这种情况下,阿尔伯特会领先于伯提。阿尔伯特踏出自动走道时,伯提还在自动走道上,虽然他在接近阿尔伯特,但他再也赶不上阿尔伯特,阿尔伯特做出了正确的选择。于是我们得到这个问题的正确答案:在自动走道上绑鞋带比较有效率。

还有该不该在自动走道上跑的问题。陶哲轩的博客同样吸引了经济学家们的注意,他们觉得自己应该参与讨论。毕竟,变量包括利润、市场占有率、产量等的最优化是他们的谋生之道。他们的结论是,为了尽可能在最短时间内通过最长一段距离,应该尽量把时间花在速度快的区段。如果匆忙的旅客在自动走道上跑,就缩短了花在快速通道区段上的时间,相应就延长了花在慢速区段上的时间。这就是为什么应该在自动走道旁的地面上跑的原因。在经济学理论中,大家早就知道,如果可以选择,工厂应该尽可能把最少的工作安排给最没有效率的机器。

信不信由你,这个结论也可以应用到赛车上。最近,一级方程式的赛车手已获准使用"加速"按钮,随时释放 80 马力的爆发能量,跑完一圈最多只要 6.6 秒。陶哲轩在博客中建议赛车手,在慢速直线跑道上按这个钮。

与此同时,普林斯顿大学动力学研究员斯里尼瓦桑(Manoj Srinivasan)发现,人们在自动走道上一般会减速,以保存能量。2009 年,这些发现在杂志《混沌》(*Chaos*)上发表,证实了先前俄亥俄州立大学的扬(Seth Young)的研究结果。扬注意到人们在自动走道上走得比较慢。他认为个中原因是当人们踏上自动走道后,眼睛看到的事物会让他们觉得走得比平常的"步速"快,于是就自然调整为较缓的速度,也就是较不消耗能量的方式。

数字9的奥秘

◆ 摘要:出现在一个数的首位上的数字分布概率是不同的,小数字比大数字更常出现在首位上。1开头的数据最多,9开头的数据最少。各个数字的地位竟不同等?!

常识是很吊诡的,尤其是数学常识。我们会认为股市中1字头的股票价格,应该与2字头的或任何其他数字开头的价格出现机会均等。因此,1至9之间的每一个数字,成为股价首位数的概率必定是11.1%。同样地,我们会理所当然地认为,代表城市人口、物理或数学常数、国家GDP等的各种数据中,没有哪个数字成为首位数的概率高于其他数字,但这个假设不正确。在许多物理数据或社会数据的集合中,数字的分布并不相同。

第一个注意到这个惊人事实的是加拿大天文学家和数学家纽康(Simon Newcomb)。约120年前,纽康就留意到,对数表的前面几页比后面的破旧。在计算器出现之前,人们用对数表来做算术计算。他由此推断,相比于后面页面上那些以8或9开头的数,他的同行一定更经常与前面页面上以1或2开头的数字打交道。纽康系统阐述这个原理后不久它就被人遗忘了,直到1938年,美国物理学家本福德(Frank Benford)才重新发现了这个原理。

但本福德把这项观察往前推进了一步,他花了几年时间搜集数据,证明这种规律普遍存在。他检验了大量类别迥异的数字集合:原子量、棒球赛统计数据、河流面积、《读者文摘》之类的杂志上出现的数据。每一次他都得到相同的结果:约30%的数以1开头,约18%以2开头,12%以3开头……9字头的数不到5%。这种特殊的现象很快被称为"本福德分布"。留意地方报纸财经版上当天的股票行情,通常就能相当准确地理解这个分布规律。顺带提一下,这种现象与采用何种货币几乎完全无关。把股价的单位换成瑞士法郎或日元,结果相仿。

本福德分布无处不在,不管到哪里都能看到。举例来说,1990年美国人口普查,结果3000个行政区的人口数量符合这个规律,但在找到解释这个现象的原因之前,它仍然只不过是一种令人好奇的现象。直到1995年,杰出的西点军校毕业生希尔(Theodore Hill)才解开了这个谜,他后来在佐治亚理工学院教授数学。他令人信服地解释了首位数字的特殊分布现象。详细探讨他的证明会让我们离题太远,阐明一下这个现象应该足够了。让我们想象一只最初面值为100美元的股票。第一位数字是1。现在假设它的价值以每年10%的速度增长。需要88个月股价才会涨到199美元。88个月中股价的首位数一直是1,但只要52个月股价就会从200美元涨到299美元。52个月中股票价格是2字头。依此类推,只要12个月股价就从900美元涨到999美元,也就是12个月中股价的首位数会显示9。然后整个过程重新开始:股价从1000美元涨到1999美元花88个月,其间股价再一次成为1字头。

这个例子多少与本福德观察到的分布现象相符。从数学上讲,现实生活中的许多数据(这些数据都以某种方式在增长)的首位数字呈对数分布,而非如我们预期的那样均匀分布。首位数字 d 出现的频率 f 由公式 $f = \log(1 + 1/d)$ 得出。若 $d = 1$,得到 $f = 0.301$。若 $d = 9$,结果是 $f = 0.046$。

一旦这种现象从只是有趣提升到数学定律的崇高地位,专家就开始寻找其用武之地。例如,一位会计学教授详细检查17万笔纳税申报数据的首位数字,审查这些首位数字是否呈本福德分布。正常情况下,这些数据与本福德分布相符,不相符的情况通常是由于会计数据有误,甚至可能是造假。无怪乎美国国税局开始利用本福德定律来甄别税务欺诈。计算机科学家也从这个定律获益。小数字比大数字更常出现在数的首位这项事实,或许可帮助设计更高效的计算机。

达尔文和爱因斯坦
爱写信吗

◆ **摘要**：有个寄信人等了30年才等到达尔文的回信，而爱因斯坦的往来书信至少有30 000封。达尔文和爱因斯坦的回信模式，与现今人们利用计算机收发电子邮件的模式相类似。这是真的吗？

达尔文（Charles Darwin）和爱因斯坦都是多产的写信者。今天我们知道达尔文寄出7591封信，收到6530封信。爱因斯坦往来的书信包括至少14 500封寄出的信，以及16 200封收到的信。这么多资料，为印第安纳州圣母大学的物理学家巴拉巴西（Albert-László Barabási）和他的学生奥利维拉（João Gama Oliveira）提供了丰富的分析数据。在分析达尔文和爱因斯坦回复特定信件所花的时间后，他们发现，这两位卓越人物回信的模式，与现今计算机使用者收发电子邮件的模式相类似，但这项研究结果很快引发质疑。

爱因斯坦回复了约四分之一的来信，其中约一半是在10天内回信。达尔文回复了三分之一的信件，其中三分之二在10天内回信，但有一个异常的数据值得注意：一位寄信人等了30年才等到达尔文的回信。这项研究中较有趣的一点是两人在这两种极端之间的行为。巴拉巴西和奥利维拉发现，这两位科学家回信之前的时间，可用所谓的比例定律说明：在 τ 天内回信的概率 $P(\tau)$，符合幂次定律：$P(\tau) \approx \tau^{-\alpha}$。令人吃惊的是，两人的参数值 α 非常相似：达尔文是 $\alpha = 1.45$，爱因斯坦是 $\alpha = 1.47$。

更让两人惊奇的是，巴拉巴西和奥利维拉发现，这种形态与今日电子邮件通信模式很相似。在先前的研究中，巴拉巴西和同事随机选择一些人的电子邮件进行统计，发现它也符合幂次定律。根据研究者的说法，这种现象可以用下面的事实来解释，也就是无论采用书面方式还是电子方式，人们根据邮件的重要性排列优先级，然后，他们依据"排队理论"回信，先回复高优先级的邮件，然后是次优先级的。排队理论的一项结论是，回复时间遵循上述比例定律。

这项研究在享有盛誉的《自然》(Nature) 杂志上发表后，各方反应不一，从持保留态度到断然反对的都有。美国伊利诺伊州艾凡斯顿西北大学的阿马拉尔 (Luis Amaral) 认为，那些推论根本就是胡说八道。他与两位同事分析了巴拉巴西先前的研究，得到的结论是，"对数正态分布"更适合描述观察到的回信时间。值得注意的是，这样的分布不符合"排队理论"。接下来《自然》杂志的编辑火上加油，确证奥利维拉和巴拉巴西所用的实证数据经过了平滑处理，而论文中却没有提及这一点。

另外有一个结论也尚待厘清。描述收到信息与回复之间等待时间的参数 α，对电子邮件来说只有 1.0。根据奥利维拉的理论，这意味着爱因斯坦和达尔文回信的速度比今日使用电子邮件的人还快。奥利维拉解释这项违反直觉的结论时说，因为分析数据时使用不同的时间单位：电子邮件用秒计算，信件以天为单位。还有，电子邮件的观察期限是 80 天，而信件是 30 年。这些小细节把研究过程弄得一团糟，难怪专家质疑研究结果。然而，德国吉森大学的邦德 (Armin Bunde) 认为，这些结论并没有十分违反直觉。他指出，那些结果是可以解释的，现今传送的电子邮件数量远多于多年以前寄送信件的数量。与一般书面通信相比较，许多无关紧要的电子邮件回复前的漫长的等待时间，影响了整体等待时间。邦德的解释似乎让人更有理由怀疑这项研究，而不是支持它。

　　总体而言,巴拉巴西和奥利维拉的论文没有获得有力的支持。即使在"不发表论文就完蛋"的压力下,科学家要做的仍不仅仅是得出研究结果。将现有的可能有趣的数据输入计算机,让机器快速处理大量的数字,然后对公众发表经过平滑处理过的粗略的研究结果,这样做是远远不够的。

哪个桌子不摇晃

◆ **摘要**：三脚桌绝对不会摇晃，方桌却可能既摇晃又倾斜。只要地面没有任何地方有超过 35 度的斜角，不仅是方桌，所有长方桌都能站稳而不摇晃？

每个人在人生的某个时候，大概都有因为花园里的桌子摇摇晃晃而气恼的经历。那一定是张 4 条腿的桌子，3 条腿的绝不会有这种问题。为什么？因为空间中 3 点确定一平面，这就是 3 条腿的桌子不会摇晃的原因。一个由 3 条无论什么长度的脚支撑的桌面，在空间中总能"明确定义"。因此，即使桌面可能不是水平的，3 条腿的桌子也绝对不会摇晃。不幸的是，4 条腿的方桌可能既摇晃又倾斜。问题是，是否可能调整方桌摆放方式，让它用 4 条腿稳稳地站在地板上。

这个问题至少 1970 年就有人提出，当时英国数学家芬恩（Roger Fenn）首次证明了如下定理：一个表面无论多么高低不平，其上皆存在位于同一水平面上的 4 个点，联结 4 点会形成一方形。无论方形多大，这个定理皆成立。以日常用语来说，这个定理说明的是，无论地面多么不平，一张任何大小的方桌都能稳定地水平站立。唯一要注意的是，桌腿必须够长，才能让桌面不受地面凹凸的影响。一年后，萨克斯（Joseph Zaks）在路易斯安那州召开的一场会议中演示，三脚椅可以在椅面保持水平的情况下，立在高低不平的地面上。

然而，两项证明都有一个缺点，它们都是所谓的存在性证明，只是说明椅子有 3 个不动点、桌子有 4 个不动点，没有提到这些点在哪里或如何找到它们。

这就是巴里托姆帕（Bill Baritompa）、勒文（Rainer Löwen）、波尔斯特（Burkard Polster）和罗斯（Marty Ross）这几位数学家以及日内瓦欧洲粒子物理实验室物理学家马丁（André Martin）开展研究的起点。2005 年，他们发表文章证明，只要地面倾斜不超过 35°，不仅是方桌，所有长方桌都能如前述方式那样站稳而不摇晃。他们借助"均值定理"来证明这一点。这个定理指出，若桌子的一条腿悬空于地面上方某个位置，现在要把它插入地面的一个位置，则在从前一个位置转到后一个位置的过程中，必定桌腿会碰到地面上的某个点。结论是，摇晃的桌子可以经由旋转来达到稳定状态，但这个定理还是有缺陷：无法保证桌面在不摇晃时是水平的。

上述问题是德国数学家特普利茨（Otto Toeplitz）提出的二维问题的三维版。他探讨的问题是，是否任何封闭曲线都包含 4 个可以连成一个正方形的点，这个封闭曲线可以很复杂，但不能自我交叉。顺带一提，特普利茨受纳粹迫害，1939 年移居耶路撒冷，一年后便在当地过世了。

1911 年，特普利茨在瑞士刊物《瑞士博物学家协会索洛图恩会议记录》（*Verhandlungen der Schweizerischen Naturforschenden Gesellschaft in Solothurn*）上提出这个问题，并展开研究。他告诉读者说，他和他在哥廷根的学生已经证明，所有凸曲线，亦即所有无凹陷的曲线，至少能包含一个正方形。自此之后，数学家一直在研究这个问题。1929 年，俄国数学家史尼雷尔曼（Lew Schnirelman）提出了凸曲线和凹曲线也就是曲率一定的无凹陷和凹陷的曲线的证明。

不幸的是，史尼雷尔曼的证明有个错误。数学家和犹太法典学者古根海默（Henry Guggenheimer）发现了那个错误，他在苏黎世瑞士联邦理工学院获得数学博士学位，后来到布鲁克林教授数学和犹太神秘主义教义。古根海默修正了那个错误,1965 年在《以色列数学期刊》(*Israel Journal of Mathematics*)上发表了正确的证明。

然而,这个问题仍然让数学家着迷,许多人如以往一样忙于研究问题的不同版本。例如,三角形、平行四边形、菱形、五边形或其他多边形能否由曲线产生?甚至不在一个平面上的空中曲线,也被拿来研究。1991 年,英国数学家格林菲斯(Brian Griffiths)证明,空间中某些曲线包含偏斜正方形的四个角,这种正方形四边等长,但不在一个平面上。

第3章
性情中人

艾哈德教授不回答

◆ **摘要**：任何教职员工名单上都找不到他的名字，回信地址与任何办公室不相符，发给他的演讲邀约收不到回复……这位羞怯的数学家是谁？高深论文的神秘作者竟是一台计算机！

数学教授有时被认为是怪胎，这是有充分原因的。以罗格斯大学的艾哈德（Shalosh B. Ekhad）教授来说吧，他所发表文章的清单让人印象深刻，单单过去10年间，他就发表了数十篇论文，部分是与他人合作发表。他最重要的成就之一是完成了所谓的宇宙定理的证明。普林斯顿大学数学系教授康威（John H. Conway）宣称曾证明了这项吊诡的猜想，不幸的是，在有人能够验证这项证明之前他把证明过程弄丢了。于是艾哈德投入精力证明这项定理，不久得出了他自己的崭新证明。艾哈德从此成为数学界响当当的名字，世界各地的同行不断引用他发表的文章，主要关于他在组合数学上的证明。

然而，关于艾哈德有一件事情很奇怪，没人弄得清楚是怎么回事：任何大学的教职员工名单上都找不到他的名字；而他在发表文章最下面注明的回信地址也与罗格斯大学任何办公室不相符；发给他的研讨会邀请或专题演讲不是收不到回复，就是由一位秘书礼貌地回绝；若有研究生请求由艾哈德教授担任博士论文指导老师,照例被打回票。

这位差怯的数学家是谁,如此躲开人群?熟知希伯来语的读者也许会注意到,Shalosh B. Ekhad 代表"three in one",也就是三位一体。很快地,网络上散布的谣言宣称,这位神秘的数学家背后是一位企图改变全世界信仰的传教士。但如何借由深奥难解的有关组合数学定理的论文,完成大众信仰的转变?尽管本书讨论的是数学家,不负责侦探工作,但这件事远不只是耐人寻味、悬而未解的谜团,因此当"他"听到艾哈德的合作者之一、同样来自罗格斯大学的柴尔伯格将出席在希腊米克诺斯岛上举行的研讨会时,立刻采取行动。他不计成本,赶搭下一班飞机飞往那座阳光普照的地中海小岛。这个会议最终证明是同业者的专业研讨会,来自世界各地的专家聚集在此交换意见。这位"他"希望拉拢一下柴尔伯格,最终的目标则瞄准艾哈德。

刚开始时柴尔伯格努力伪装自己,他穿着短裤和凉鞋,那正是在希腊度假胜地的合宜打扮。但 T 恤上的名牌 Logo 很快泄露了他的身份。掩饰被拆穿之后,他露出了马脚,说叫艾哈德的人根本不存在!高深组合数学论文的神秘作者不过是一台计算机!

1987 年,柴尔伯格拥有了第一台个人计算机,那是 AT&T 制造的机器,在贝尔实验室 3 号大楼 B 通道的 1 号房间开发成功,所以顺理成章地标示为 3B1。柴尔伯格对他的新玩具深感骄傲,立即用母语把它命名为艾哈德。

对柴尔伯格来说,3B1 不只是一个玩具,它很快成为他的同伴和朋友,他教它如何找出并证明数学恒等式。柴尔伯格与宾州大学的威尔弗(Herbert Wilf)合作,提出一个让计算机精确找出及证明恒等式的算法。他们共同的研究成果获 1998 年美国数学学会颁发的斯蒂尔奖。

艾哈德很快超越了柴尔伯格高标准的期待。柴尔伯格需要做的只是输入一些初始指令,然后他就可以离开,让 3B1"嗡嗡""嗞嗞"地运行几小时或几天,然后吐出结果。"艾哈德发现了已知恒等式的新证明,还提出了一些全新的恒等式。"柴尔伯格明显带着父亲般的骄傲说道。对与自己的研究共生共存的数学家而言,有些成果很优美,其他可能就略差些。但无论优美程度如何,这些成果多数非常有用。"一些既不优美又没用的,"柴尔伯格干脆地说,"直接忽略它们。"

艾哈德的"教父"对他的弟子怀有极大的期望,他预测将发生范式转换。他认为,未来的计算机将能找出基本关系式,从而远远超越人类的能力。"只要几十年的时间,愈来愈多的原创数学研究单用计算机就能进行。"柴尔伯格说。他显然很享受这种挑战的乐趣。21世纪人类数学家引以为傲的许多定理,到时看起来会毫无价值。不过,柴尔伯格也承认,这种趋势会大幅强化教导的重要性。因此,对于非计算机数学家,显然仍有值得期待之处。

雅痞数学家

◆ **摘要:**数学能够理想化日常生活中所见的事物,帮助我们了解自然现象,数学的表述方式远比文学的方式更精确。数学,将走向何方?

斯梅尔(Stephen Smale)是当代最多产的数学家之一,无疑也是最耀眼者之一。除了获颁 1966 年菲尔兹奖,他也因反越战抗议行动和与人共同发起 1960 年代末的雅痞运动而闻名。有一次,他甚至被众议院非美活动调查委员会传讯。他也曾与美国国家科学基金会发生纠纷,因为他公开宣称,他的一些最佳研究成果是在里约海滩上完成的。

2007 年 5 月,他与弗斯滕伯格(Hillel Furstenberg)共同获得沃尔夫数学奖。斯梅尔在耶路撒冷参加颁奖典礼时,同意接受采访,畅谈自己的工作和事业。

——马吉德(Andy Magid)

斯梅尔教授,为什么数学对您这么重要?

喔,这个问题很难回答。或许我与其他数学家不同。我认为数学是我要学习的重要事物之一。全面看我的话,是一名科学家,但也带有一点艺术家的成分。所以数学不是生活中唯一激励我的事物,绝对不是,但我的确领悟了数学中的美,它优雅,而且能够理想化你在日常生活中所见的事物。了解周遭事物一直是过去 40 年来激励我的因素。

所以数学是一种文化努力?

嗯,作为广义的科学,我认为数学没有太多的文化性。研究数学的传统动机是了解物理,同时也了解经济现象等。我现在试着了解人类视觉,希望发展出某种类似视觉皮层的模式。或许结果会证明存在着一些普适定律,帮助我们了解人类如何学习和思考。这就是数学帮助我们了解自然现象的例子。

为什么说,相对于文字描述,数学可以更有效地解释现象?

数学是一种形式化的思考方式。用数学来表述远比用文字更精确,它采用更明确的方法——如量值——表述关系。甚至模糊性也可以用概率纳入数学当中。我经常使用概率——以传统的数学方式,因为当研究从物理学转到视觉和生物学时,必须将某种模糊性纳入考虑范围。

数学之所以如此有用,是因为相比于其他,利用数学可以更容易地找出普适定律。它帮助我们提炼出主要概念。借助公式和符号,我们能看清普适现象和规律。这个提炼的过程也帮助我们了解普遍的概念。牛顿曾给我很大的启发,看到落下的苹果和行星运动,他能明白它们是同一种现象。我希望有一种语言能解释我们所看见的一切,而且这一切是广义上的同一种现象。

开普勒猜想在被证明之前,就被认为是正确的,许多人也相信黎曼猜想是正确的。为什么严谨的证明对数学还这么重要呢?

许多人相信某件事,并不表明它就是正确的。我比较赞成严谨证明大的问题。另一方面,我不太认同证明是数学中最基本事项这种想法。数学中更重要的或许是主要体系之间的联系、概念及这些概念的发展。证明是其中重要的一部分,但并非我的研究重点。我持严谨的态度,努力让事情正确无误,但有时了解主体结构似乎比证明更重要。我关注数学之间、且最终是真实世界各部分之间的关系。

您接受计算机证明吗？

对我来说，证明不是数学的根本，所以可以接受计算机证明。计算机证明或许不像结构化的概念证明那么好，但可以接受。

您的生涯涵盖4个领域：拓扑学、动力学体系、数理经济学和计算科学。为什么您后来不再研究拓扑学？

我的确在1961年转换了研究主题。虽然我不再研究拓扑学，但我没有彻底改变，我公开承认这一点。我证明了五维和更高维度的庞加莱猜想，之后就有点虎头蛇尾。三维和四维的证明仍未完成，但这个证明——我没说我一定对，似乎只是特例。所以我觉得，了解两球体的离散变换动力学比弄懂庞加莱猜想更让人兴奋。

您当时相信庞加莱猜想是正确的吗？

喔，不，一点也不。我甚至找到过一个反例，不过这个反例行不通，里面有个错误。每当我求解数学问题时，我都从正反两面进行研究，因为这样会相互促进。如果只考虑一面，就不会得到这么正确的观点。大多时候我们不应该有先入为主的想法，有时你应该说："嗯，如果这是不对的，那怎样证明呢？"反复验证是定理证明中很重要的一部分。

不再研究拓扑学之后，您做什么研究工作？

在此之前好几年，我一直研究动力学，关于动力学的重要问题有一些自己的想法，我开始解决这些问题。后来我在电路理论、物理学和力学方面也做了一些研究。

您为何对经济学产生兴趣？

嗯，我参与的一些政治活动以及与一些马克思主义者的接触，让我对经济学产生很大兴趣。一天德布鲁（Gérard Debreu）来找我——他后来荣获诺贝尔经济学奖——问我有关均衡的数学问题。我告诉他沙氏定理，这个定理与他的研究有关。从此我们建立起友谊，我从他那里学到很多，他也从我这儿有所收获。虽然我们从未共事过，但常常一起讨论问题。事实上，我帮助他拿诺贝尔奖：是阿罗（Ken Arrow）①和我向诺贝尔奖委员会提名授予他经济学奖。

然后您离开经济学，进入算法领域。

是的。几年以后，我得到找出经济均衡的算法。我不想要模拟，我只想找出一种抽象的数学算法，让其他人模拟它。在供需一定的情况下，找出经济学上的均衡价格。我在普通的经济学背景下开展研究。斯卡夫（Herbert Scarf）提出了另一种算法，我认为我的算法更快，也更合乎常理。由此产生一个问题：哪种算法比较好？为了弄明白为什么一种算法优于另一种，我开始向计算科学发展。

您的算法是用来描述经济体运作的吗？

不，不算是。这里有两个问题。一是该经济体如何运作，如何调整价格。对我来说，这是经济学里最大的未解难题。我耗费多时，但还是没有答案。另一个问题是，若参数改变，经济代理人如何找到变化着的均衡？如何用数字明确表达这种均衡？所以我提出了这个理论、这个算法，来解决这个问题。

您的目标是帮助集权经济找到均衡吗？

我从未坚决主张过集权经济。我在学生时代参加过越战示威，但我不是因为越南或俄国的经济才这样做。我对经济所知不多，而且我也不抱幻想。在很多年时间里，我体验世界，智识不断成熟，了解周围发生的事。我对计划经济的观点完全不感兴趣。

---

① 美国经济学家，1972年诺贝尔经济学奖得主，"二战"后新古典主义经济学的代表人物。提出了"阿罗不可能定理"。——译注

后来，我开始对市场感兴趣，但我不是资本主义制度的信徒，完全不是。可以说，这些年来，我相信以市场为导向的理论。所以当我着手研究算法时，我受到市场经济的启发。如果市场达到了一种均衡，我们如何找到这个均衡？均衡可以用方程表示，因此我提出算法来解这些方程。

您现在进行什么研究？

在以色列（出席沃尔夫奖颁奖典礼）这段时间，我将做3场演讲。在魏茨曼研究所（Weizman Institute）我将谈视觉的数学。这是某种视觉皮层的模式，但更具普适性。后面我将去海法大学，讲的是数据，也就是数据几何。我们审视所有的数据点，希望找到潜藏在里面的某种几何学，所以我会回到拓扑学方面开展一些研究。数据是我们努力去了解的主要事物，但我考虑的是数据几何，或者是数据拓扑。这些不完全是图像识别——我的第一场演讲与图像识别有关。所有这些稍微有些交叉，但它们都不相同。

然后我将在贝尔谢巴演讲，主题是鸟群。鸟群是动物学中的一大主题，有许多人从事相关的观察研究。假设地上有一群鸟，然后它们突然全部飞到空中，以同样的速度一起飞行。这种现象与控制论有关。机器人技术的研究人员希望让微型机器人彼此沟通，这与鸟群一样，所以人们想了解鸟或机器人是如何实现这类共通现象的。当一种语言出现的时候，情况类似，如何通过感觉实现理解上的一致呢？在经济学中，对共同价格体系的认可是价格政策能够施行的必要条件。所以这又回到了我的经济学老问题：人们如何达成对价格体系的共同认可？

您研究数学已达半个世纪，您认为数学将走向何方？

我的感觉是数学会远离传统的物理学领域。物理学曾经是数学的一大领域，数千年来激发了众多数学灵感。但数学家似乎太专注于物理学。我认为数学领域内的改变会比物理学大得多。就像我所做的研究，就遇到如视觉问题以及其他来自生物学、统计学、工程学、计算科学，尤其是运算等的问题，它们会影响数学的变化方式。所以,数学将走向何方? 它在很大程度上将脱离物理学,转向我刚才提到的许多学科。

应用数学有许多领域,纯粹数学呢?

我谈的不是应用数学,我不相信这种二分法。我说的是利用数学来了解这个世界。牛顿研究数学,发展微积分和微分方程是为了了解万有引力定律。他做的是应用数学吗? 我想不是。他做的是纯粹数学吗? 也不是。这就是我认为的那种数学。数学已经不是150年前的样子,里面有更多来自计算科学、工程学和生物学的问题。但它是名副其实的数学,而不是数学应用。

手 足 恨 深

◆ **摘要:**伯努利家族在两个世纪的时间里产生过至少8位知名数学家,然而手足之情却被怀恨的敌意破坏殆尽。两位数学精英的敌对,激发出更高的科学成就。

2005 年 8 月 16 日,瑞士巴塞尔开展纪念活动,纪念雅各布·伯努利(Jacob Bernoulli)逝世 300 周年,一位世界上最著名的数学家之一。伯努利的父亲是一名香料商,还拥有市议员和法官的显赫身份,而他则是这个显赫家庭的长子。17—18 世纪期间,令这个家族引以为傲的是,至少有 8 位家族成员成为世界级知名数学家。虽然小雅各布很早就显露出对数学的浓厚兴趣,但一开始还是遵从父亲的期望——将来担任神职——而恭顺地研读神学。然而,这无法阻止他偷偷追求生命中的两个真爱:数学和天文学。

伯努利又年轻,又受过良好的教育,在当时他居住的日内瓦,人人都抢着请他当私人教师。能够请到他教导孩子的富贵之家都觉得自己荣幸之至。不再教孩子之后,按照当时的风气,伯努利出发到欧洲各地旅行。他造访了法国、荷兰和英国,并成功地与著名的科学家建立起联系。返家后,伯努利在巴塞尔大学教授力学,空闲的下午就撰写数学论文。

他的科学研究成果没多久便得到大家的认可,5 年后他获任巴塞尔大学数学系教授,并且终其一生任职于这个位置。他最著名的学生就是他的弟弟约翰(Johann),约翰和他一样有天分。约翰一开始也是依循父亲的期望,从事另一项职业——就他的情况来看——医学。但就像雅各布一样,约翰对数学的兴趣从未减弱过,而且很幸运地有哥哥雅各布做自己的秘密导师。两人开展合作,进一步发展和革新了几年前由牛顿和莱布尼茨发明的微积分。

不幸的是,手足之情很快被怀恨的敌意破坏殆尽,兄弟反目招致的公众关注,几乎和他们做出数学重大发现时一样多。当约翰四处炫耀自己的成果,同时公开诋毁兄长的成果时,雅各布开始反击,宣称约翰所做的不过是复制自己先前教给他的东西。约翰还击,就这样你来我往。这一部分的伯努利家族史读来让人失望,因为这两位都是杰出人物,凭借各自的努力,成为不仅是那个年代而且是永远的数学精英。雅各布显然很自卑,而两兄弟都非常渴望被赞赏。但谁知道呢,或许正是他们之间的敌对,激发出这两兄弟取得更高的成就。

雅各布最重要的著作是《猜度术》(Ars Conjectandi)。这本书在他逝世 8 年后的 1713 年出版,预示了统计学和概率论时代的来临。早在 1689 年,雅各布就提出了"大数法则",主要观点就是一个现象的概率等于它在多次重复实验中出现的频率。借由这个法则,雅各布首次将概率定义为一个介于 0 与 1 之间的数,由此为概率这个概念提供了数学基础。在此之前,概率主要被当作哲学或法律争论的同义词。

早在 1690 年代,雅各布就逐步完成了该书的主要部分,但一直没有足够的时间完成全书。到逝世时,他只完成该书的前三部分,包括他的概率组合与应用理论在靠运气取胜的游戏上的实际应用。第四部分应该是如何将理论应用到法律、政治和经济决策中,可惜没有完成。有好几年时间,德国和法国的科学家力促约翰着手完成并出版兄长的手稿,但手足竞争在雅各布死后并未消散,雅各布的遗孀和儿子对约翰仍怀有很深的戒心,不让他靠近手稿。就约翰来说,他要让大家知道,他有比编辑兄长的作品更好的事可做,反正他也不特别在乎哥哥。最终,为亡夫博得更高声名的期望占了上风,雅各布的遗孀满心不甘地让伯努利家另一个兄弟的儿子、曾是雅各布秘书的尼可拉斯·伯努利(Nicolaus Bernoulli)阅读了丈夫著作的主要内容。历经漫长的岁月,雅各布的这部分手稿终于得见天日。这个世界因此更加丰富多彩。

热爱数学的
外交官

◆ **摘要**：外交官巧遇科学家，重燃对数学的狂热，但外交与数学令人兴奋的组合还不足以满足外交官的智识雄心。他的国际象棋赛局以平局收场，因为他得离开去处理紧急外交事务。

虽然许多门外汉认为数学是一本应该妥善保管起来的秘密之书，但也有人会发现一些有趣的难题，这些难题太引人入胜，让人忍不住想挑战一番。费马大定理就是这样的例子。几个世纪以来，证明这项定理成为无数专业和业余数学家的终极挑战。直到1994年，普林斯顿大学教授怀尔斯（Andrew Wiles）才解决了这个难题。他证明：$a^n + b^n = c^n$，若 n 大于2时，a、b、c 没有整数解。

费马大定理即所谓的丢番图方程，这种方程只容许整数解。费马方程只是无数这种方程式中的一种。19世纪的德国数学家高斯毫不讳言地指出，他对费马大定理兴趣不大，他可以毫不费力地迅速写下一连串类似的方程式，这些方程式都让人很难确定是否存在整数解。他的哥廷根大学的继任者、数学家希尔伯特抱同样的看法，后者明确表示缺乏兴趣，说费马大定理不过是个"特殊且显然无关紧要的问题"。

有些丢番图问题是要找出同时满足数个方程式的整数解。例如，找出6个

整数 a、b、c、d、e、f，使得方程式 $a^k + b^k + c^k = d^k + e^k + f^k$ 在 k 等于 2、3、4 时都成立。

1951 年，一位意大利数学家朝解开这个难题迈进了一步，虽然只是一小步，他证明这 6 个数不可能都是正整数。接下来约半个世纪时间，没有听到任何关于这个问题的进一步讨论，直到 2001 年才发现了一组解（这里只能透露 a 等于 358，b 等于 -815）。问题依然存在，没有人知道这是否为这些方程的唯一解，是否还有其他解存在？又过了 3 年，2004 年，这个问题解决了：不是只有一组解，事实上存在无限多组解。

令人意外的是，在《伦敦数学学会通报》（*Bulletin of the London Mathematical Society*）发表这项证明的作者乔杜里（Ajai Choudhry）并不是职业数学家，他是印度驻文莱大使，1953 年出生于印度北部的北方邦（Uttar Pradesh），年轻时便以精于数学而闻名。对年轻的乔杜里来说，数学职业生涯似乎是他理所当然的选择。当他以所有学科成绩优异地自大学毕业时，23 岁的乔杜里决定放弃学术界而进入外交领域。接下来的 11 年里，这位大有可为的年轻人全心全意地投身于印度外交事务。因为职务需要他必须四处远行，数学不可避免地逐渐消逝为儿时的记忆。在德里服务过一段时间后，乔杜里先后被派往吉隆坡、华沙、新加坡、黎巴嫩和文莱。

在一次驻华沙大使馆的外交聚会上，这位印度外交官巧遇波兰国家科学院的数论家申策尔（Andrzej Schinzel），不过几分钟的交谈重燃了乔杜里昔日的热情及对数学的狂热。幸运的是，外交工作让乔杜里有充分的空闲时间钻研丢番图方程。乔杜里一鼓作气，在接下来的几年间，在科学期刊上发表了至少 45 篇论文。因为证明了一项关于整数七次方的定理，他还获颁了一个奖项。但即使这种外交与数学的完美结合似乎也太微不足道，无法满足这位外交官的智识雄心。他利用闲暇时间仔细研究国际象棋。在这个领域，一如既往地，乔杜里成为顶尖人物，成为国际象棋大师。1998 年，他获选为与卡尔波夫（Anatoli Karpov）

进行车轮战对弈的 30 名对手之一,卡尔波夫当时为国际象棋卫冕世界冠军。乔杜里的赛局以平局收场,因为他得离开赛事去处理一件紧急外交事务。原因就这么简单。

　　纯粹主义者认为,乔杜里证明有无限多组解存在不过是件微不足道的小事,虽然证明称不上非常简单容易,但也没有用到任何高深的数学知识。乔杜里借由一些变换,首先将其与椭圆函数联系起来,椭圆函数是费马定理中重要的一部分。然后从这一点开始,乔杜里仅仅三级跳就得到了结论,即存在无限多组解。但只要看看乔杜里提出的一个范例,就可以明白这些解一点也不简单。乔杜里提到一组解,其中 a 等于 230 043 367 232 999 423。

485 次 的 名字

◆ **摘要**：数学王子以数学为终生事业，对数学的重大贡献不胜枚举，并为爱因斯坦的相对论做好了准备工作。但对这位史上最重要的数学家来说，痛苦的经验远超美好的事物百倍以上。

2010 年 2 月，数学界纪念高斯逝世 155 周年。高斯被后人称为"数学王子"，他还在学走路的时候就已经拥有了足够的数学知识，指出父亲在计算雇工薪水时发生的错误。上小学时，他显露的数学天赋让老师也大感惊奇。如今，人们理所当然地将他视为史上最重要的数学家之一。

然而，他的天分被发掘和培养全靠运气。在 19 世纪的德国，一个班级有多达五六十名孩童的情况很普遍，所有这些学生的年龄、禀赋程度不一。对教师来说，让这么一大群小孩遵守秩序就已经是项艰巨的任务，更别说教导他们了。而这些负担过重的教师如果还能准确发现其中天赋异禀的学生，一定是大功一件了。事实上，高斯的老师的确看出这个小男孩早慧，他让不伦瑞克－沃尔芬比特尔公爵(Duke of Braunschweig-Wolfenbuettel)注意到高斯，而后者给予了他特别的关注。

公爵为高斯提供奖学金，让他在不伦瑞克、黑尔姆施泰特和哥廷根等地求学。17 岁时,高斯做出了第一项重大的数学发现:正十七边形可以用圆规和直尺画出来,这个难题自古希腊时代起就困扰着数学家。高斯对自己的研究成果雀跃不已,从此决定以数学为终生事业,不再继续研读哲学——他人生中的另一挚爱。

1807 年,高斯被任命为哥廷根天文台第一任台长。虽然他已经在全欧洲建立起声望,他未曾考虑过接受其他地方有利可图的教授职位,他始终忠于哥廷根,坚守岗位至去世。至于他的个人生活则令人鼻酸,很早便蒙上悲剧色彩和丧亲的阴影。在第三个孩子出生后,他深爱的妻子乔安娜(Johanna)就去世了,接着是女儿,然后是小男婴路易(Louis)。丧亲之痛让高斯心烦意乱,陷入重度忧郁,从此不曾完全康复。多年后,年老的高斯写信给友人这样说:"没错,我的人生拥有很多世界上其他人会羡慕的东西。但是,相信我,痛苦的经验……超过任何美好的事物百倍以上。"

高斯对数学的重大贡献不胜枚举,包括数论、统计学、分析、微分几何、概率论以及其他领域。足以证明一切的是,《数学百科全书》提到他的名字不下 485 次,加上"高斯的"这个形容词,会发现提到这位著名数学家的次数高达 1370 次。但高斯不只是一位数学家,他还精于天文学、物理学、测地学、光学和静电学。1833 年,他与同事物理学教授韦伯(Wilhelm Weber)一起,建了世界上第一台电磁电报机,将相距一千米远的高斯在天文台的书房与韦伯的办公室联系了起来。

只要看看他众多卓越成就中的一项,就能评判高斯对现代科学发展的重大影响。这项成就已经成为 20 世纪最重要的科学进展之一——广义相对论——所不可或缺的因素。

这是怎么发生的?

1828 年,高斯受命勘测汉诺威王国。那是个非常呆板的机械化工作,有损于高斯的身份地位。但如果高斯没有把握住这个机会,推动曲面数学取得了几项重要的进展,他就不是杰出的数学家了。在接下来的 20 个夏天里,无惧恶劣的气候、帮不上忙的助手、老出故障的设备,以及无数个夜晚栖身于昏暗肮脏的小旅馆,高斯尽可能精确地绘制汉诺威地图,成果非凡——这里不是指汉诺威地图,而是指高斯基本发展出了一门崭新的数学学科——微分几何。

长久以来,高斯一直怀疑,基于欧几里得五大公设①的几何学不是唯一的真理。这些公设认为,任两点可用一直线连接,而每条直线都有平行线。尽管这些命题在平面上说得通,在曲面上却不成立,例如地球,别忘了高斯就是在测量地球表面。下面的例子或许可以说明这一点:纽约自由女神像与巴黎埃菲尔铁塔之间最短的线,在所谓的大圆②上。现在,找出刚好位于自由女神像北方 10 公里的一点,以及另一个刚好位于埃菲尔铁塔北方 10 公里的一点,这两点之间最短的线还是在一个大圆上。但这两条线并不平行。拉直这两条线,并让它们沿着两个大圆延展,它们会相交两次:一次在索马里外海某处,另一次在太平洋某处。

高斯称一曲面上两点之间最短的路径——相当于一平面上的直线——为测地线。他的一位名叫黎曼(Bernhard Riemann)的学生以这个观念为基础,进一步发展了微分几何。这门新学科具有浓厚的数学趣味,实用价值却很低。20 世纪初,爱因斯坦开始关注这个学科。爱因斯坦在 1905 年明确阐述狭义相对论后,接下来的十年时间里努力钻研微分几何。高斯和黎曼完成的准备工作为爱因斯坦提供了必要工具,让他得以在 1916 年明确阐述广义相对论。

1687 年,现代物理学创始人牛顿明确阐述了他的运动定律。其中第一运动

---

① 欧几里得五大公设为:公设 1:由任意一点到任意一点可作直线;公设 2:一条有限直线可以继续延长;公设 3:以任意点为中心及任意距离可以画圆;公设 4:凡直角都相等;公设 5:同一平面内一条直线和另外两条直线相交,若在某一侧的两个内角的和小于两直角,则这两直线经无限延长后在这一侧相交。——原注
② 在通过球心的平面上与球面相交的圆,称为大圆。——译注

定律是任何物体都保持静止或匀速直线运动状态,除非有外力作用,迫使它改变这种状态。爱因斯坦修正了这项定律,将直线改为测地线。爱因斯坦在他的思想实验中得出结论,空间因质量与能量的存在而弯曲,因此,一个既未被推也未被拉的物体会沿着一条四维时空中的测地线运动。

改正数学错误与
修缮屋顶有关吗

◆ **摘要：**数学往往会自我修正，错误不会一直存在，它们早晚会被发现。但更正有瑕疵的论文为什么让人想起修正主义？修正数学错误又与修缮漏水的屋顶有何相干？

毕斯（Daniel Biss）是杰出的数学系学生，他在少不更事的 20 岁年龄时以最优秀的成绩自哈佛毕业，然后马上转往麻省理工学院学习并取得博士学位，紧接着拿到克雷基金会（Clay Foundation）的研究奖学金。他的早期成名建立在两篇文章基础上。2003 年，他在备受赞誉的期刊《数学年刊》和《数学进展》（Advances in Mathematics）上发表了讨论"格拉斯曼流形"的里程碑式的重要论文。

光明的前程似乎就在眼前，但突然间消息传来，这位前途无量的数学家离开学术界转往政坛。这位助理教授参加选举，成为伊利诺伊州第 17 选区的民主党州众议员。"我觉得从政比研究数学更能服务于社会，"毕斯后来如是说。

说实话，当时毕斯身上的数学光芒已经黯淡了不少。位于俄罗斯圣彼得堡的斯特克罗夫研究所的数学家姆涅夫（Nikolai Mnev）曾经仔细检视毕斯的证明，发现了一个细微的错误。对姆涅夫的指正，毕斯回应道，已经有这个领域的专家提醒过他这个问题,并很快就会做出修正。纽约州立大学宾汉顿分校的安德森(Laura Anderson)正在解决这个问题。

然而,好几年过去了,在这个问题上,不见安德森、毕斯或其他任何人发表关于那个错误的修正。而毕斯也没有撤回他自己的证明。姆涅夫一再要求澄清这一错误,却没有得到明确的回复。事情停滞不前。毕斯发表他的证明时,《数学年刊》的编辑是普林斯顿高等研究院的麦克弗森,他也选择保持沉默。被激怒的姆涅夫决定让大家知晓这件事。他写信给朋友说,毕斯是个好家伙,他的指导教授是卓越的数学家,刊登证明的期刊很严谨。但显而易见,这个体系根本无法处理这起没有先例的事件。

2007年9月,姆涅夫灰心丧气,他在网络上贴了一篇两页的说明。首先,他对让大家注意到这个严重的瑕疵表达遗憾,但他认为那是他必须做的责任。尽管他揭露的错误使得毕斯的证明不成立,4年过去了,毕斯还是没有撤回那个证明。姆涅夫认为这才是更令人担忧的地方。因为其他还没有注意到这个错误的数学家,已经开始在这个错误证明的基础上继续发展。很快地,发展理论的许多努力就会徒劳无功地浪费在这个错误的结果上。

又过了一年,毕斯终于承认他的证明无法修正。2008年11月11日,他终于提交了一份勘误给《数学年刊》,一个月后又给了《数学进展》。在这两封信之间,毕斯遭逢了坏运气:他以1774票的细微差距,在他选区的选举中落败。

这应该是一连串不幸事件的结尾了。期刊过了一段时间才刊登那份勘误。要这位年轻作者承认他的错误已经很痛苦,而两本期刊发现,要坦承自己容易犯错显然更痛苦。直到2009年3月,毕斯寄出他的勘误信后4个月,而且外界开始要求解释,期刊才撤下它们网站上这篇有瑕疵的证明。

幸运的是,总是有人看到事情光明的一面。在上述例子里,这个人是《数学年刊》前编辑麦克弗森。"真是了不起",他表示,"数学往往会自我修正",错误不会一直存在,它们早晚会被发现。而姆涅夫对这整件事有什么看法?他花了好几年时间想更正这些有瑕疵的论文却未竟其功。他以一种幽默的揶揄口吻写道，如果想修漏水的屋顶，更好的做法是联络《真理报》（*Pravda*）的记者，而不是通知物业管理部门。

第4章
空中奇航

依爱因斯坦的
公式登机

◆ **摘要:**数学家根据爱因斯坦相对论中的一个公式建立了登机模型。它告诉我们,不要管登机广播了。完全不要划位,让乘客随意登机选择座位,比依序从后往前登机有效多了!

显而易见,只有当航空公司的飞机载客运行,公司才能赚钱。因此,周转时间,也就是飞机降落与起飞之间待在地面上的那段时间应该愈短愈好。除了清洁飞机、检修保养和加油之外,周转时间还有一项重要的考虑因素是乘客就座的速度。数百位乘客登机所花的时间,可能导致大延误,延长飞机滞留地面上不产生效益的时间。这就是为什么航空公司要寻找更高效的方法,让今日航空器承载的愈来愈多的乘客迅速入座。在缩短登机时间的策略中,乘客进入机舱的顺序扮演着至关重要的角色。

根据 5 位以色列和美国数学家的看法,许多航空公司现行的措施并非最佳策略。它们的措施是,先让后排乘客登机,然后依序让前排乘客入座。一个典型的例子是,先召集第 25—30 排的乘客登机,然后是第 20—25 排,以 5 排为单位,逐步朝机头方向移动。这种方式背后的思想是,不会有前排的乘客阻塞走道,因而让其他乘客无法到达后排。

这种做法看似有道理：毕竟，一桶啤酒也是从底部开始往上注满的。但直到近期，仍然没有数学模型可以验证这个程序的有效性。系统工程师采取权宜之计，借助计算机进行仿真模拟，而结果让人对传统登机方式产生了怀疑：或许从后往前登机不像我们以为的那么有效率？

对专家来说，仰赖仿真模型绝不是让人满意的方法，他们需要的是一个数学模型，这个模型可以明确计算出用不同方式登机所需的时间长度。最后他们建立了一个模型，但它出乎意料地复杂。5位数学家利用了爱因斯坦相对论中的一个公式来建立这个模型，当时这个公式从未应用于物理学之外的领域。班固利恩大学的计算机科学家巴赫梅（Eitan Bachmat）在分析计算机硬盘输入输出队列①时，突然想到了这个公式。

巴赫梅和同事发展出来的模型，考虑飞机客舱、登机方式、乘客和乘客的行为等参数。结果表明，最重要的变项涉及3个参数：一位站立乘客及其手提行李所阻塞的走道长度（如40厘米），乘以一排的座位数，再除以两排之间的距离。若一排有6个座位，各排之间的距离约80厘米，结果是3。这个数字表示在趋近指定座位时，某一排的乘客在最终入座前，会占据3排的走道空间。

问题立刻变得显而易见：如果坐在第25—30排的乘客一起登机，半数走道会被完全堵住；而且多数乘客要等到在他们前面的每一个人都就座后，才能到达他们的指定座位。根据这个模型，坐满机舱所需的时间与乘客数成正比。

这种困难的情况是可以避免的，做法是让第30排、27排、24排的乘客先登机，接着是第29排、26排、23排的乘客，然后是第28排、25排、22排的乘客，依次类推。以这种方式登机的乘客，不会在走道上妨碍彼此。然而，要实施这么复杂的措施，难度相当高。（有一种实行方式是利用不同颜色的登机牌，例如第30

---

① 队列是一种先进先出的线性表，加入数据时从队列的尾端加入，取出数据时从队列的前端取出。——译注

排、27 排、24 排是红色，第 29 排、26 排、23 排是蓝色，依次类推。那么广播时只要说"持蓝色登机牌的乘客请登机"。）

令人意想不到的是，数学家的计算证明，如果航空公司让乘客以随机方式登机，登机时间会大幅缩短，根本不需要登机广播了。更让人惊讶的是，这个模型指出了一种更有效率的登机方式：干脆不要座位号，让乘客随意登机，随意选择座位。用这种方法，或者说不用任何方法，乘客登机就座所需的时间仅与乘客数的平方根成正比。

但好消息还不止这些。如果从后排开始，坐靠窗位子的乘客先登机，接着是中间座位的乘客，最后是靠走道座位的乘客，登机时间甚至还能再缩短。然而，这种方式可能对举家出行的旅客或团体旅客带来不便，他们将被暂时分开。

一种极端优化的登机策略是，先让坐飞机一侧靠窗位子的乘客登机，接着是坐飞机另一侧靠窗位子的乘客，然后是中间位子的乘客，最后是靠走道位子的乘客。

选好走的路一样堵吗

◆ **摘要**: 网络新增一个通路, 网络整体效率可能不增反减。开通新的连接道路, 并不能如预期的那样疏解交通堵塞, 反而会造成彻底混乱。直到废除那条路后, 才恢复原有的平静。

从苏黎世飞往旧金山, 旅客通常取道纽约, 在纽约转乘飞往西海岸的国内航班, 但如果这段旅程的北美段客满, 这段航线又因为拥塞不已而无法加开航班, 航空公司可能选择让乘客在芝加哥转机。一旦这个选项超额预订, 公司还可以把乘客再转到原来的航线。显而易见, 在这一段航程开始之前, 必须决定好是在纽约还是在芝加哥转机。现在, 为了让自己能更灵活应对, 航空公司在纽约与芝加哥之间开设了转机航班。因为旅客有了更多的出行选择, 因此可以说, 这些航班缓解了飞航网络的压力。而且, 这样做还节约了成本, 更有效地分配载客量。

这听起来合乎逻辑又可信, 不幸的是, 这并不总是对的。由于价格、成本、载客量等因素的影响, 新增航线可能让运输状况更糟。1969 年, 德国数学家柏拉斯(Dietrich Braess)在《论交通规划的悖论》(*On a paradox of traffic planning*)一文中, 首先讨论了这种现象。这篇文章以德文撰写, 而令人意外的是, 直到 2005 年, 《运输科学》(*Transportation Science*)期刊才刊出该文的英文版。自此之后, 街道交通网、因特网,以及通常情况下任何形式的网络中出现的这种矛盾状况,便以那篇文章作者之名称为"柏拉斯悖论"。这个悖论指出,网络新增一条通路,网络整体效率可能不增反减。举例来说,1969 年斯图加特市中心开通一条新的道路,但并未如预期的那样疏解交通拥塞,反而造成更大的混乱。直到那条路封掉后,才恢复该有的平静。1990 年,纽约封闭 42 街后,有效减少了阻塞。

"柏拉斯悖论"是博弈论的一个例子,1994 年和 2005 年的诺贝尔经济学奖得主都研究博弈论这个经济学分支。在博弈中,只关注自身利益的选手不得不根据他人的选择来做选择。在所谓"零和赛局"中,一位选手赢,另一位选手就输,但"柏拉斯悖论"与"零和赛局"无关。如果飞航网络的价格体系某种程度上取决于某一特定航线上的旅客数,那么很可能出现新增一条航线后所有竞争者皆输的情况。

让我们假设有一条马路塞车,而与该马路平行的另一条则车流顺畅。让我们再假设现在新增了一条马路,连接那条阻塞的及与之平行的顺畅马路。可能发生的情况是,有足够多的驾驶员决定改走那条原本顺畅的马路,造成其堵塞,而原来那条马路上的车子又不够少到不再塞车的程度。现在,阻塞马路不是一条而是两条,没有任何人得到好处。事实上,与原先相比,会有更多的驾驶员被堵塞在动弹不得的车流中。如果每个驾驶员开始时决定走那条塞车的路,到了交叉口后才考虑是走另一条平行马路还是继续往前开,这时就会出现上述悖论问题。

再回到空中交通,以下略微简化的情况可以呈现问题的原貌。假设这两条飞往旧金山的航线载客量都为 400 人,也就是共有 800 人从苏黎世前往旧金山。只要这两条航线——一条经纽约,另一条经芝加哥——正常运行,所有的乘客都能到达目的地。然而,因为某种原因,纽约与芝加哥之间新辟了一条航线。可能因为价格便宜、抵达时间便利或为了累积较多里程数,100 位旅客决定选择较复杂的苏黎世—纽约—芝加哥—旧金山航线。这 100 位旅客迅速掌握时机,订好了机位。因此,400 位从苏黎世起飞的乘客中,有 100 位改从纽约转机到芝加哥,于是让苏黎世—芝加哥—旧金山航线只剩下 300 个机位。结果到达旧金山的乘客不会超过 700 人:300 人经纽约,400 人经芝加哥。引进一条新航线反而造成了瓶颈。只有取消新增的转机航班,才能再次让到达旧金山的旅客数为 800 人:400 人经纽约,400 人经芝加哥。

专家认为,"柏拉斯悖论"只有在罕见的特殊情况下才会发生。另外,我们可能会认为,旅客很快就会感觉到,单单改变他们的航线没有任何好处,还会造成其他旅客的困扰。因此,未来他们遇到类似情况时应该不会再犯同样的错误。然而,这同样没有事实根据。亚利桑那大学心理学家拉普普(Amnon Rapoport)以博弈论的实验测试闻名,分析受测者是否会从他们先前所犯的错误中得到教训。在实验情境中,他为受测者提供数十条航线,与上述例子情况类似。在没有开辟转机航线时,交通稳定并很快达到均衡,每条航线均约有半数受测者选择,但一旦开辟转机航线,受测者就选择他们认为更好的航线,因而造成阻塞。

班机飞巴黎……
以及安克雷奇

◆ **摘要**：多数旅客根本不知道新几内亚的莫尔兹比港市的机场，但如果这个机场的航运中断，大部分国际航空交通网会与世界隔绝。在航空运输网的"小小世界"里，不起眼的机场可能扮演着相当重要的角色。

现今我们几乎可以飞往世界的任何角落，尽管有时得迂回绕行。中停和转机对常搭机的旅客来说是家常便饭。旅客所问的主要问题是，他们得转机几次？2005 年 5 月，《国家科学院院刊》(*Proceedings of the National Academy of Sciences*) 刊登了西北大学工程教授阿马拉尔所做的研究，这项研究分析了 2000 年 11 月一个星期间的全球航班数量。研究对象是全世界 800 多家航空公司提供的 50 多万个航班。27 051 个直飞航班连接 3883 个城市，所有城市配对中只有 0.18% 有直航班机。其他超过 1500 万个连接，都有中途停留。

这项研究发现，全球航空连接网络显示出，少数空运中心拥有许多连接航班，而绝大多数机场只有少量连接航班。在这方面，国际航空网络与其他网络，如因特网或社交网络等并无二致。它还进一步显示出，航空运输网是个"小小世界"：旅客从任一城市到达其他城市，平均要搭乘 4.4 个航班。然而，还有复杂得多的情况：最艰苦的旅程是从巴布亚新几内亚的瓦苏飞往福克兰群岛的普莱森特山,途中至少需要停留 15 次。

然而,从网络凝聚性的角度来看,最繁忙的机场并不总是最重要的。芝加哥欧哈尔机场被认为是全世界最繁忙的机场,每小时有超过 100 个航班起降,但它只能直飞其他 184 个城市。与此同时,巴黎的机场(戴高乐机场和奥利机场加起来)可以直飞 250 个城市,接下来是伦敦,242 个城市;法兰克福,237 个城市;阿姆斯特丹,192 个城市;莫斯科,186 个城市。这个罗列了 744 个城市的列表末端是那些只有一个直飞航班的,例如直布罗陀、埃及的阿布辛贝和希腊的米克诺斯岛。

但直航数量不是衡量机场重要性的唯一标准,了解全球航空运输网还需要知道另一项重要特性,也就是由一个机场连接的两城市间航程最短。巴黎再度夺冠,有 297 个城市之间的航行需要在戴高乐机场或奥利机场中转。信不信由你,我们发现排在第二位的是阿拉斯加的安克雷奇!虽然这个遥远的北方城市只能直飞 39 个城市,但它的国际机场是连接两城市的至少 279 个最短航班的中转站。虽然世界上大多数旅客根本不知道新几内亚的莫尔兹比港市的机场,但它在最繁忙机场中却名列第七,排在非常繁忙的法兰克福、东京、莫斯科前面。它是 217 个最短连接航班的中转站。另一方面,有 2491 个机场不连接任一最短航班。因此,如果莫尔兹比港市机场的航运中断,大部分国际航空交通网会与世界隔绝。但若伊比利亚半岛南端的机场停止运转,几乎没有人会注意到。

众多最短连接航班经过的机场是网络的关键部分,因为它们是世界整个航运网络的结点。从经济学的观点来看,必要之务是确保这类站点不中断运转,而且不被一家航空公司或航空联盟控制。

对这项研究感兴趣的不只是赶时间的旅客。阿马拉尔认为,它的重要性在于探查机场在传播传染病上扮演的角色,如 2003 年的 SARS 以及后来的禽流感。这篇论文说明,在流行病的研究中,航班数量不一定是最关键的变项。美国、欧洲、日本最繁忙的机场不一定是病毒传播的跳板。因此,为了预防流行病传播而设置屏障时,相对不起眼的机场扮演的角色可能比法兰克福、芝加哥或多伦多重要得多,最好密切注意安克雷奇和莫尔兹比港市。

虚拟的远程飞行

◆ **摘要**：对南大西洋鸟岛上的信天翁猎食行为的研究至今已被引用 170 次，但两次虚拟的远程飞行，让这项研究彻头彻尾错了。建立在草率统计数据上的大量后续研究，不幸也误入了歧途。

2007 年，发表在《自然》期刊上的一篇文章，强烈质疑该刊之前刊登的一些文章。然而，编辑没有要求之前那些提出错误研究的作者撤销他们的结论，而是让他们发表一篇低调的修订稿，伪装成理论的进一步发展，当作新的结论。

原来的研究考察了生活在南大西洋鸟岛上的信天翁的猎食行为。研究者在鸟的脚上装上记录器，记下脚湿的时间。鸟脚湿的时候表示它们正在水里游动，寻找鱼类或贝类；而当鸟脚干的时候，表示鸟儿正在飞行觅食。取回记录器时，研究者将飞行时间长短依频率排序，进行统计分析。结果显示，一般而言，信天翁是短程或中程飞行，但偶尔也会在空中停留一段非常长的时间，超过 70 个小时。

短程飞行可用所谓的布朗运动解释，与液体中的悬浮微粒受到液体分子随机撞击时发生的现象类似。尽管从前到后、从左到右的猛烈撞击会彼此平衡，但微粒的位置与其原始位置之间的平均距离，会随时间的平方根而增加。1905

年，爱因斯坦提出布朗运动的理论预测，当时他还没有提出相对论。

信天翁研究这个案例的重点在于是少数几段非常长的时间。这让研究者认为鸟儿猎食一段时间后，会开始一段远程飞行，以寻找新渔场。一旦发现新的猎食区，它们又会以布朗运动的模式觅食。由此产生的飞行分布，也就是布朗运动式的飞行被一些非常长的旅程干扰后的分布，名为雷维分布，以法国数学家雷维（Paul Lévy）的名字命名。雷维分布与布朗运动之间的差异很重要，因为尽管以布朗运动方式进行的生物或物体的前进只取决于时间的平方根，但根据雷维分布，移动的生物或病原体却可以很快行进较长的距离。

这个对信天翁的研究至今已被引用了170次，引发了大量的后续研究。这些研究表明，豺、大黄蜂、鹿、浮游生物、猿，甚至渔夫，寻觅猎物时都遵循雷维分布描述的行动模式。很快又有人提出了理论解释。研究者根据模拟实验和理论思考，认为雷维分布是在大范围内搜寻稀缺食物最有效的策略。因此，研究者认为，信天翁、豺、大黄蜂和其他生物的行为可以用进化论来解释：动物发展出符合雷维分布模式的觅食策略，是因为这种策略让它们获得最佳的存活机会。

只有一个暗藏的不利因素：那篇信天翁的研究文章彻头彻尾是错的。那些随后关于大黄蜂、鹿、海豹和其他动物的研究，也不正确，因为它们都基于错误的数据。当然，理论家对这个现象提出的进化论解释，也完全与现实不符，看起来也毫无道理。

英国南极调查局的生态学家爱德华兹（Andrew Edwards）决定更仔细地检验这些数据。他了解到，在每一个案例中，测得的每只信天翁的第一次和最后一次飞行时间都特别长。只要从统计数据中排除这两次飞行，剩下的飞行时间就不再符合雷维分布。

爱德华兹仔细检查后发现，信天翁的"飞行时间"是从记录装置连接到计算机那一刻开始计时的。然而，实际上还要过一会才把记录器装到信天翁的脚上。此外，在飞走之前，鸟儿有时会在巢里待上相当长的一段时间。而鸟儿返巢之后,也要过一阵子才会取下装置。所有这些停止时间,都被研究者测量为飞行时间。没有这两次虚拟的长程飞行,就没有任何支持雷维分布的统计证据。

在关于鹿的研究中,同样有这些不一致的情况。研究者忽略了这些动物在出发寻找新的草场之前,会花一些时间吃草及消化食物。这些"处理时间"也被记录为迁移时间。在蜜蜂的案例里,数据为从一朵花到下一朵花的飞行时间,而不是寻找其他花床的时间。依此类推,雷维分布很可能是一种有效的觅食策略,但既有的研究完全无法证明生物因进化而采取了这种策略。

所有事实公之于世后,信天翁研究的作者与爱德华兹合作,发表了一篇新论文,文中承认远程飞行实际上并不存在,而那是雷维模式不可或缺的证据。然而,研究者没有羞愧地躲起来,而是非常严肃地宣布他们的新成果:剩下的数据符合所谓"伽马分布"。然而,他们较为适当的做法应该是:收回他们之前那篇错误的文章,并且谦卑地道歉,因为无数研究者曾因他们草率的研究而误入歧途。

第5章
头脑体操

左脑计算

◆ **摘要**：约5%的人算术计算能力不足，甚至完全不会计算。这种令人苦恼的"计算失能症"的成因仍是个谜。科学家通过在实验对象的脑部制造干扰，得出了惊人的发现。

总人口中约5%的人算术计算能力不足，甚至完全不会计算。这种令人苦恼的症状俗称"计算失能症"。患者多半无法形成数字或数量的概念，在测量和时间、空间的推理上有困难，很难看懂时刻表或地图，跟不上舞步，算不清找零。这种失能表现为阅读障碍或动作协调障碍，经常到了晚年才被诊断出来，但也有可能终生不被发现。它与智商完全无关，许多患有这种症状的儿童和成人在人文学科和语言方面表现突出。5—7岁的儿童难以认出简单的数列或数型，或无法正确地比较数量时，可能就患有计算失能症。

造成计算失能症的潜在脑功能障碍始终未有定论，这种令人苦恼的疾病成因基本上仍是个谜。究竟是基因、遗传，还是后天造成的残疾？是否起因于神经系统？由伦敦大学学院7位科学家组成的一个团队，在以色列神经学家科亨-卡多什（Roi Cohen-Kadosh）的带领下，设法寻找引发计算失能症的脑部区域。最后，他们在右顶叶找到了。根据专家的说法，这项发表在《当代生物学》（*Current*

Biology)期刊上的发现,可能有助于计算失能症的诊断,并且通过补救教学的方法来改善这种症状。

研究者对9名实验对象进行了研究,其中5位患有计算失能症,4位受测对象没有这种症状。受测对象会在一个计算机屏幕上看到两个数字,一个"2"和一个"4",其中一个字形比另一个大。实验时,受测对象必须迅速决定两个数字中哪一个比较"大"。当然,这样的问法让问题含糊不清,科学家必须更明确地表述他们的意思。有时他们要求指出字形较大的数字,有时询问的是数值较大的数字。然后,他们记下实验对象按下按钮答题所需的时间。

科学家利用核磁共振摄影术测量血管中的血流,结果显示,进行测试期间,实验者有较多血液流经所谓的顶叶,也就是脑部掌管数字和尺寸大小思考的部分。与研究的预期一致,当数值较大的数字形状也较大时,非计算失能症的实验者反应时间较快。而当形状尺寸与数值大小不一致时,"正常的"受测对象的反应时间较慢。对患有计算失能症的实验对象而言,两种情况下他们的反应时间都很慢。

到目前为止,这些实验结果不是太让人意外,与预期结果差不多。这项研究真正的价值在于接下来的发现。就在受测对象评估数字时,科学家利用一种特殊仪器,在其顶叶用一道零点几秒的电流进行干扰。这种技巧被称为经颅磁刺激,科学家在受测者脑部形成一个磁场,借此干扰受影响区域的神经元活动。

实验带来了惊人的发现:在经颅磁刺激引起神经元活动中断期间,非计算失能症参与者表现出与患计算失能症者同样的行为,但只有干扰发生在右顶叶时才会产生这种现象。当在左叶进行干扰实验时,没有发生异常情况。显而易见,右顶叶受干扰会引起计算失能症。

苏黎世儿童医院神经科学家库齐安(Karin Kucian)认为,这项研究为诊断和治疗儿童的失能症提供了重要但只是间接的信息。关于计算失能症,整个神经元网络都发挥作用,尽管右顶叶也包括在内,但它并不是单独起作用。与英国团

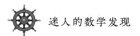

队的研究结果类似,库齐安的研究团队证实,患有计算失能症的儿童的右顶叶的灰质(脑细胞)较少。同时她还发现,脑部其他区域构造和功能的差异对数学活动也有至关重要的影响。

丧 失 语 言 本 能

◆ **摘要:** 实证研究已经证实左脑是语言的优势脑,而解决数学问题的必备条件是拥有语言技巧。但研究团队证明,即使因左脑受伤而失去沟通能力,仍可保有解答计算问题的能力。

人们普遍认为,解决数学问题的必备条件是拥有语言技巧。1920 年代,美国语言学家和工程师沃尔夫(Benjamin Whorf)首先提出一个论点,认为精通语言是其他认知能力的先决条件。这个论点被称为"沃尔夫假设",自此成为认知科学的基本信条。现今最著名的语言学家之一、麻省理工学院的乔姆斯基(Noam Chomsky)强力支持这个假设。他也认为只有掌握语言能力,才可能拥有更高的认知功能,例如计算。

当然,这并不是什么新观点,神经科学家多年前就已经知道左脑是语言的优势脑,因而我们会觉得解答算术问题时左脑也应扮演必要的角色。实证研究已经证实了这个假设,当人们解答认知问题时,血液会流向左脑。

然而,2005 年,英国雪菲尔大学和海莱姆郡医院的 4 位科学家提出证据,宣称情况与所谓的沃尔夫假设正好相反。由心理学家、神经科学家和传播科学家组成的研究团队发现,人们即使因脑左部区域受伤而失去沟通能力时,仍可以保有解答计算问题的能力。他们测试了 3 位患有"语法型失语症"的患者,他们无法理解语言或不能以正确的语法方式说话。这种痛苦折磨通常由中风或脑部受伤造成。

这 3 位参与研究的患者当中,一位是前大学教授,他几乎无法与外界沟通,既不能说也不能写。3 人仅能勉强说出电报式的句子,没有动词和介词、系词。举例来说,他们无法区别下面两个句子:"猎人杀了狮子"和"狮子吃了猎人"。要他们造出像"杀了狮子的猎人很愤怒"这样的句子是完全不可能的。然而,令人意外的是,尽管有严重的语法障碍,这 3 位患者都有计算能力,虽然无法理解文字数字,如"三"或"二十五",但能正确辨认出阿拉伯数字。

为了在测验中解答数学问题,患者必须在计算情境里应用那些他们无法在日常语言中使用的句法规则。测验结果十分惊人:虽然受测对象无法分辨谈话或书写句子中的主语与宾语,但却能正确计算 $12-5$ 和 $5-12$ 这类算式。举例来说,尽管他们没办法理解用逗号分开的从句结构,却能正确解答如 $36/(3\times2)$ 这类算式。含有各种括号的算式,如 $3\times[(9+21)\times2]$,他们也能正确计算。这些算式类似于谈话或书写句子中的双嵌入从句结构,即使是博学的读者,想理解这样的从句结构也常面临相当大的困难。发表在《国家科学院院刊》上的这项研究首次证明,在成熟的认知系统中,懂语法不是进行数学计算的先决条件。显而易见,不是非得把数学表达式转变为语言形式,才能理解或解答它。

还有一个问题,为什么测量流经脑部的血液循环,表明了解答数学问题的活动发生在语言区域?科学家怀疑,儿童可能需要语言技巧以及相应的脑部区域才能获得数字的概念,这也可能就是那个区域后来被用于数学推理的原因。总之,语言机制可能只与记忆相关,是一种"备忘录"。脑部其他区域可能才是负责做计算的特定能力的地方。

信息超载

◆ **摘要**:狂轰滥炸的信息是现代人沉重的负担,找出人类信息处理能力的极限很重要。研究者得到的结论是,人类解读量化数据的能力,在一个问题涉及4个变项时达到极限。

我们当中许多人发现掌握和处理数据很困难。我们经常觉得自己被日益增加的信息洪流所淹没,而那构成了如今生活中很大的一部分。所以我们将很难记的11位数的电话号码存在手机卡里。那些用表格呈现的数据让人难以理解,所以改用图形表示。金融经理人必须实时做出瞬间决策,同时要密切留意6块屏幕上显示的股市数字,他们仰赖听觉信号:当证券交易所发生特别事件时,便有特定的音乐声响起,以提醒他们注意。

尽管有这类"备忘录",今日狂轰猛炸的信息还是成为现代人沉重的负担:数字与图形如此无情地攻城略地,许多人完全无法弄懂它们。因此,确切找出人类信息处理能力的极限是很重要的。在任何给定的时间里,人类心智可以处理多少信息和多少变项?几位澳大利亚心理学家,包括哈福德(Graeme Halford)、贝克(Rosemarie Baker)、麦克瑞登(Julie McCredden)和贝恩(John Bain),在《心理科学》(*Psychological Science*)期刊上发表了一项研究,指出即使经验丰富的人也无法同时处理超过 4 个变项的问题。

实际展开研究之前,4 位科学家必须克服一个难题,就是如何量化人脑可以同时处理的信息。碰巧人类遇到复杂的问题时,会寻求策略来减少处理负载。举例来说,经验丰富的面包师傅会把奶油、糖和蛋整合为一个单一认知表征,从而将记忆用于留存其他细节。

因此,科学家必须避免研究对象利用记忆的花招来浓缩信息。反之,他们要求这些人解读直方图,这种以图形表现数据的方式,经常用于描述不同变项之间的关系。在试图解答特定问题之前,研究对象必须先理解和处理图形中的所有变项。

这项研究招募到 30 位志愿者。他们是心理学和计算机系的毕业生,有解读数据的经验,他们需要根据条形图上所呈现的情况回答问题。最简单的范例之一是"人们喜欢新鲜蛋糕还是冷冻蛋糕;对巧克力蛋糕的喜爱程度大于还是小于胡萝卜蛋糕?"。这个问题包含两个变项(新鲜对冷冻、巧克力对胡萝卜),所以需要用 4 个长条把信息呈现在图形上。结果一如预期,所有参与者都能准确分辨长条的相对高度,做出正确反应。

为了让问题稍微困难一些,研究者又增加了一个变项,即蛋糕上的糖霜。这样有了 3 个变项(新鲜对冷冻、巧克力对胡萝卜、糖霜对无糖霜),需要解读有 8 个长条的条形图。结果还是很好。参与者正确回答了近 95% 的问题。

脂肪含量是这个蛋糕制作过程增添的又一项因素,使得问题更为复杂。每增加一项特性,长条数加倍,参与者现在必须处理至少 16 个长条所包含的信息。结果表明,对一些参与者来说,问题已经过于困难。平均而言,受测者只能正确解答三分之二不到的问题。

最后,参与者必须解读 5 个变项,也就是有 32 个长条的图形。这一次他们只答对约一半的问题,这个结果一点也不让人意外,这大约相当于受测对象随机乱猜获得的正确率。

研究者得到的结论是,人类解读量化数据的能力,在一个问题涉及 4 个变项时达到极限。因此,一般而言,推理和决策的策略在任何时候都不应该处理超过 4 个变项的问题。比较复杂的工作应该细分成小部分。根据这几位澳洲科学家的说法,各领域佼佼者所拥有的特殊专业才能,显然包含将复杂问题细分成小部分的能力,而每个小部分问题不超过 4 个变项。

废除分数
学数学？！

◆ **摘要**:数学教学"改革派"与"传统派"激烈交锋。"改革派"大声疾呼废除纸笔算术;"传统派"主张长除法有助于依靠数学的方式思考和形成概念。而两派都同意一点:测验是政治问题。

自2500年前,毕达哥拉斯在萨摩斯岛的沙地上画出他的三角形,教育者一直在寻找教导门生数学的最佳方法。一个恰当的例证是,2006年夏天在马德里举行的第25届国际数学研讨会上,聚集的与会专家在讨论中小学所用的不同教学法时,不可避免地出现意见分歧。"改革派"考虑社会和技术进步,反对"传统派"提倡的纸笔算术。激烈交锋连番而至,专家们情绪高涨,甚至连最基本的算术运用也被波及。举例来说,纽约州立大学水牛城分校的罗斯顿(Anthony Ralston)是早期的"改革派",他大声疾呼废除教室中的纸笔算术。尽管他承认心算在正确认识数字的发展中不可或缺,但仍坚持心算能力利用计算器也能轻易获得。

耶路撒冷希伯来大学数论家德沙利特(Ehud de Shalit)则持反对意见,他坚决主张应以传统方式教授数学。他认为老师必须让学生从小就掌握必要的工具,能够熟练操作数学对象,如数字、图形和符号。他引用的例子是运用纸笔做长除法,德沙利特认为,必须要教小学生做这种算法,因为他们在日常生活中少不了它。他完全明白,这类计算用计算器来做更轻松,但长除法有助于学生依靠数学的方式思考和形成概念。根据德沙利特的看法,长除法是教学的宝贵财富,主要不是因为它的实用价值,而是因为它会增进人们对十进制的理解,并可解释算法的操作。为了论证"改革派"的提议实际上很荒谬,德沙利特反诘道:"我们是否应该连分数也完全废除掉?"分数可借计算器轻易地转换成十进制数,所以被视为该废弃的东西。他警告同行,这将是走下坡路的第一步。没有计算器帮忙,学生很快就再也不知道 3/7 比 1/2 大还是小。

是否要在教室中使用计算器和计算机这个议题,不是"改革派"与"传统派"较劲的唯一症结点。他们还利用机会大展身手,讨论教导学生数学技巧的最佳方式。罗斯顿认为,应该让学生自行发展他们觉得最自在的方式。德沙利特迅速驳斥说那是幻想,10 岁的孩子不可能自行发现被认为是古代印度人和阿拉伯人最重要成就的一些数学方法。因此,他希望老师透过训练和练习课程,专注于经过千锤百炼的标准方法。只有精通标准计算方法后,才可以让学生发挥自主的精神,例如交换被乘数。

不过,德沙利特稍微放宽了他的严格做法。标准技巧不是最重要的,当然也不是教授数学的唯一方向。为了解决实际问题,其他能力也是必要的:学生应该能区别相关或不相关的数据,知道如何聪明地选择最相关的变项,而且能将乏味的叙述转变成代数公式。这些能力是不可或缺的,即使在用未经训练的技巧解题之前就应具备。举例来说,在几何学中,用算术进行实际计算之前,必须先依比例绘图,拆分对象,而且能找出隐藏的条件。

两派都同意一点:测验是政治问题。他们一致认为固定的标准化测验妨碍了老师的工作。"传统派"主张,标准化测验确有用处,但它必须一开始就说明那些测验在测试什么,评估学到的知识还是未来的潜力?评估演算技巧还是创意思考?一项测验是用来作为大学入学考试,还是用以分析不同的学校或教学计划？

　　而"改革派"则认为，标准化测验是十足的祸害。为了强调这一点，罗斯顿引用了2002年美国"有教无类"联邦法。教学计划的成败以标准化测验的成绩来衡量，老师受压力，迫使他们努力提高学生做例行操作的能力，而不是让学生发展解决问题的能力。因此，学生可能拿到较高的测验成绩，却没有获得数学能力。罗斯顿坚信，测验只可以应用于诊断目的，帮助判断特定的教学方法是否成功。

第6章
游戏、礼物与娱乐

魔方转几下

◆ 摘要：它的创造者没有全然把它描述为玩具。自从它出现后，数学家就想方设法胜过别人，不断提出更精准的步数界限。利用更强大的计算机，魔术方块不断创造惊奇。

鲁比克方块一开始就称为魔方，是一种三维机械益智游戏产品，1974 年由匈牙利雕刻家和建筑系教授鲁比克（Ernö Rubik）发明。它被普遍认为是世界上卖得最好的玩具，售出 3.5 亿个，在世界各地一直有人狂热追随，YouTube 上约有 4 万个教学影像和快速解法的视讯片段。它的创造者并没有全然把它描述为一种玩具，而认为它是"一件艺术品"。魔方在纽约当代艺术博物馆赢得了永久展品的一席之地，而且不过两年后就被编入《牛津英语辞典》。

典型的魔方是由 26 个小立方体组成的三阶形式。每一层的立方体都能转90°或180°。转动270°就不用说了，因为以数学的观点来看，这相当于反向转动90°。单独扭转任何一层，魔方就会成为近4300万兆个可能状态中的一种。要完成这个益智游戏，玩家必须把魔方恢复原状，使6面中任何一面的9个小面呈现同样的颜色。

即使是熟练的玩家通常也只要解开难题就感到满意了，但高手却想用最少的转动次数完成游戏。把魔方从最混乱的状态恢复原状所需的最少转动次数目前还不知道，然而，在相当长的一段时间里，我们知道至少需要转动 17 次才能恢复原状。另一方面，伦敦的数学家齐苏伟德(Morwen Thistlethwaite)证明，即使最混乱的魔方，也能通过 52 次转动解开——如果你知道怎么转的话。

让最混乱的魔方恢复原状所需的最少步数，人们只知道介于 17 与 52 之间，这让数学家不愿罢休。正因如此，自从魔方问世以来，数学家就想方设法胜过别人，提出更精准的步数界限。最后下限提高到 20 步，而最好情况的上限降到 27 步。然而，这种相对缩小了的范围也不能让数学家满意。只有上下限重合时，我们才能确切知道需要转动多少次，才能让魔方从最复杂的状态恢复原状。只有到那时候，数学家们才能安心。

2007 年，美国东北大学两位计算器科学家古柏曼(Gene Cooperman)和昆克尔(Dan Kunkle)证明，26 步就足以将任何魔方恢复原状。他们的研究是真正的杰作，不仅刷新了魔方骄傲的历史纪录，也体现了多学科的巧妙结合，包括组合数学、代数学和计算器科学，而后者同时使用了软硬件。

古柏曼和昆克尔把问题分成了两部分。在第一步中，他们只考虑那些转半圈(即转 180°)就可解开的状态。依魔方的标准来看，这种状态的集合非常小，只包含 663 552 种。考虑魔方的各种不同对称形态后，这个数字可以进一步减少到 15 752 种。这两位科学家计算得出，这些状态中的任一种，最多用 13 步都可以恢复原状。

完成任何转半圈可解开的状态后，他们接着分析转四分之一圈(即转 90°)可解开的状态。663 552 种转半圈后的状态中的任一种，对应于转四分之一圈可解开的 65 兆种状态(65 兆乘以 663 552 等于前面提到的 4300 万兆)。古柏曼和昆克尔用 120 台处理器根据计算机程序运算 2.5 天，得出结论：16 步就可以让最混乱状态的魔方，恢复到 663 552 种已知的转半圈即可解开的状态之一。

所以最多需要 16 步加上 13 步，就可以把任意的魔方转变成任何转半圈即可解开的状态,然后恢复原状。然而,这个结果比之前得到的最低下限 27 步还多了 2 步。哪里可以改进?嗯,古柏曼和昆克尔通过计算机程序发现,只有 14 352 种状态需要 29 步恢复原状。14 352 对计算机来说是个小数目,计算机可以一个个仔细检查这些状态中的任意一种,然后发现,在任一种情况下,不需要超过 26 步也都可以解开。由此,他们创造了新纪录。

这是 2007 年年底的情况,接下来的形势发展更迅速。2008 年 3 月,斯坦福大学毕业的数学家罗克奇(Tomas Rokicki)在互联网上发表了一篇文章,指出只要 25 步就够了。他同样把问题分成两个子问题。第一个子问题考虑 20 亿种状态,每一种——也就是第二个子问题——都与其他 200 亿种状态有关。然后他删除大量重复的状态,最后用一个工作站来进行运算,历时 1500 个小时。

在 3 个月后的 6 月,罗克奇再度开展研究。程序与前次相同,只是这一次他使用索尼影像工作室的超级计算机,在制片空隙进行程序运算,从而把上限降到 23 步。后来,他又利用更强大的计算机开展运算,在 8 月宣布上限已经降到 22 步,与最高下限 20 步只有毫厘之差。计算过程耗时近 50 年的时间,计算机同样由索尼影像工作室捐助。实际上,尽管计算过程解决了超过 2 兆 5000 万亿种的魔方状态,记录中没有一种状态需要 22 步抑或 21 步才可解开。但在撰写本文之际,实际上 20 步已足以解开的证明仍付之阙如。

数独的数学原理

◆ **摘要**:这个游戏席卷全球市场,吸引老少各族,所需要的只是一支铅笔。解开数独谜题不需要数学头脑,但它提供精神食粮,甚至对老练的数学家亦然。

在英国,它们已占据所有主要报纸的固定版面。在美国,它们受到华尔街银行家和欲望主妇的欢迎。而在日本,过去 20 年里,它们一直有一群忠诚的追随者。当然,我指的是数独,一种数字谜题。这个游戏席卷全球市场,吸引老少各族,所需要的工具只是一支铅笔。数独游戏的目标是用 1 至 9 的数字填满一个 9 ×9 的网格,让每一个数字在每一列、每一行和每个 3 ×3 的子网格中,恰巧只出现一次。为了增加问题的难度,网格的 81 个格子里有些已经填上数字。解开数独谜题不需要数学头脑,但它提供精神食粮,甚至对老练的数学家亦然。

在杜勒(Albrecht Dürer)1514 年创作的铜版画《忧郁》(*Melencolia*)中,我们发现了一个简单的现代数独谜题的古老版本。这幅画作右上角有一个所谓的拉丁方阵①,方阵中填入了数字 1 至 16。如果观赏者愿意做些基本的算术运算,他

---

① 拉丁方阵是一种 *n* × *n* 的方阵,方阵中恰有 *n* 种不同元素,每一种元素在同一行及同一列中只出现一次。——译注

们就会注意到,在所有行、列和对角线中,数字总和都是 34。

然而,神奇之处不限于此。图中在四角、中心方格、两侧成对格子以及其他四格组合里的数字加起来,总和也都是 34。面对这么神奇的东西,再看到最下面一行中间两个格子里的数字 15 和 14——正好是杜勒创作这幅版画的年份,也就不足为奇了。其实,拉丁方阵的起源可以回溯至比这个日期更早的年代。就我们所知,有些数独甚至可以追溯至古罗马时代。而在中国,这类神奇的方阵早在 5000 年前就出现了。

18 世纪的瑞士数学家欧拉,首先尝试理解这些费解的方阵。他问的问题是:有 6 种不同军阶、来自 6 个不同军团的 36 名军官,如何排成一个 6×6 的队形,让每一个军团、每一种军阶在每一行和每一列中恰好只出现一次? 他可能尝试过,但没找到答案。最终欧拉猜想,$4n+2$ 列和行(6、10、14……)的方阵根本无解。

1900 年,法国公务员和业余数学家泰瑞(Gaston Tarry)证实了这项关于 6×6 网格的猜想。他利用组合数学的方法,先将 812 851 200 种可能的队形减少到 9408 种,然后一一检视。泰瑞的系统化方法是今日计算机证明所采用方法的范例:第一步,将所有理论上可能的解答集合,缩减为一个小得多的集合;第二步,用计算机检查这个较小集合中的所有元素。

尽管泰瑞提出了 6×6 网格的突破性发现,欧拉阐述的整体性猜想却是错的。1960 年,3 位数学家证明,当 $n=2$、3 时,欧拉猜想是错的。他们有 10 种不同军阶、分属 10 个不同军团的 100 名军官,可以排成一个符合条件的 10×10 网格,而 196 名军官可以排在一个 14×14 的网格中。

制作数独谜题没有把任意数字随便放进网格的一些格子里这么简单。如果填入数字的格子太少,这个谜题会出现一种以上解答。如果填入数字的格子太多,可能没有解答。需要把数字填入多少格子、哪些格子,才会存在刚好一种解答,目前未知。人们猜测,在可用的 81 个小方格中,16 或 17 个格子需要先填入数字。

　　总体而言,数独谜题的数目远少于拉丁方阵。要理解这点,我们需要知道,拉丁方阵只要求各行和各列中的项的总和相同。在数独中,数字 1 至 9 还必须出现在所有 3×3 的子网格中。然而,我们不必担心谜题数量有限不够用。一开始,大家认为有 10^{50} 种可能的数字组合可以用上述方式构成数独网格。虽然情况不尽然如此,但报纸仍可借助源源不断的新谜题来娱乐读者。德累斯顿计算机科学系的德国信息科技学生费尔根豪尔(Bertram Felgenhauer)经过计算得出,存在近 $6.7×10^{21}$ 种 9×9 数独网格。16×16 的数独网格数目仍然未知。我们知道,数独属于所谓的 NP 完全问题,这表示随网格数的增加,计算机求解所需的时间呈指数级增加。

　　数独和拉丁方阵不是仅仅为了供人们轻松娱乐而存在的。事实上,在许多实际情况下,人们都需要仰仗潜藏在这种谜题下的数学原理。体育比赛就是一例,选手需要在不同时间、不同场地与对手对抗。学校课表是另一个恰当的例子,学校需要在上课时间内,为每一位老师上的每一个班级安排一个教室。在电信方面,电话客服中心也仰赖数独的解题技巧;在计算机技术中,并行数据处理会运用到它们。同样,社会科学家评估问卷时也会用到数独原理,农学家排定农作物轮作计划一样少不了它们。

　　出乎人们意料,数独和拉丁方阵还应用到医学方面。依据列、行和对角线之和能够重建整个网格,所以以同样的方式,计算机断层扫描用所谓的"逆雷登转换"绘出身体的二维切面。

政治与方阵有啥关系

◆ **摘要:** 政治辩论场合似乎特别适合研究数字方阵。富兰克林坦言议会辩论极其冗长乏味,他都用解答数字谜题来打发时间。当过曼彻斯特市市长的英国数学家欧勒伦肖运用组合数学,获得将方阵用于加密的技术专利。

最初由数独引发的热潮已经平息,虽然上班族仍用数独谜题来打发时间,但它已无法再引起人们太多的兴奋之情。但是,2006 年《英国皇家学会会报》(*Proceedings of the Royal Society*)上的一篇文章,重新引发玩家的兴趣。文中提到了一个让人难以置信的信息,回溯到 1770 年代的富兰克林(Benjamin Franklin)。大家可能会问,这位政治家与数独有什么关系?

美国制宪元勋之一的富兰克林以宾州议会书记员的职务开始其公共事务生涯。如同富兰克林在自传中所坦言的,他必须参加的那些辩论会极其冗长乏味,他常常会用解答数字谜题来打发时间。尽管辩论嘈杂纷扰,富兰克林还是发现了两个非常有趣的 8×8 方阵,在方格中排入数字 1 至 64。

同数独谜题一样,这些连续数字的排列方式是,所有行和列的总和相同——在富兰克林胡写乱画的方阵中,和是 260。然而,富兰克林方阵不是真正的幻方,因为两条对角线上的数字和不等于 260,但 32 条弯曲对角线(由同一方向上的 4 个格子加上在另一方向上的 4 个格子)①的和,却恰好等于 260,这就是富兰克林胡乱之作背后隐藏的神奇之处。而更神奇的是:在每半行、每半列以及每一个 2×2 方阵中,数字之和都是 130(260 的一半)。现在问题来了:所有行、列及弯曲对角线的和为 260,且所有半行、半列及 2×2 方阵的和为 130,这种 8×8 方阵有多少?

52	61	4	13	20	29	36	45
14	3	62	51	46	35	30	19
53	60	5	12	21	28	37	44
11	6	59	54	43	38	27	22
55	58	7	10	23	26	39	42
9	8	57	56	41	40	25	24
50	63	2	15	18	31	34	47
16	1	64	49	48	33	32	17

　　用整数 1 至 64 填满一个 8×8 网格,共有约 10^{89} 种可能的组合。这是一个无法想象的数字,是宇宙中粒子数的十亿倍。但富兰克林方阵需要满足几项条件:半行和半列的条件有 32 个,弯曲对角线的条件有 32 个,还有 64 个 2×2 方阵的条件。满足所有这些 128 个条件的数字方阵,只占所有可能组合中很微小的部分。直到近期,已知的富兰克林方阵也只有少数几个。

　　事实上,如果有不仅适用于边长为 8 的富兰克林方阵,而且适用于任何边长方阵的公式,就太棒了。不幸的是,想找出这种公式的尝试仍未成功,只有英国

① 本文图中由 4、51、21、38、26、41、15、64 或 55、8、2、49、48、31、25、42 组成的 8 格对折折线,便是弯曲对角线。——译注

数学家欧勒伦肖（Kathleen Ollerenshaw）解答过一些特例。欧勒伦肖出生于 1912 年，当过市议员，后来是曼彻斯特市市长（政治辩论场合似乎特别适合研究数字方阵）。她运用组合数学方法，解答了这个问题。欧勒伦肖与同事共同获得将这类方阵用于加密的技术专利，并在 1971 年被英女王封为大英帝国二等女爵士。

因为寻找通式的努力仍未见成效，直到最近，数学家仍旧必须用估计的方式判断组合可能性。举例来说，几年之前，加州大学戴维斯分校的数学博士生艾哈迈德（Maya Ahmed），算出 8×8 富兰克林方阵的可能的最多组合，少于 228 兆个。正如我们所见，即使微乎其微的一小部分，仍然是一个极为巨大的数量。

加拿大曼尼托巴大学的罗利（Peter Loly）不满意这个结果，他与两个学生辛戴尔（Daniel Schindel）和伦培尔（Matthew Rempel）一起，共同开发了一个分析富兰克林方阵的计算机程序。在英国皇家学会接受富兰克林成为外籍会员的 250 年后，《英国皇家学会会报》刊登了他们的文章，描述了他们谦称的"一个非常令人愉快的惊喜"。

罗利教授和他的学生团队利用的是称为"回溯法"的方法，这是一种非常有效的搜寻策略。应用这种方法时，必须以分阶的方式系统地组织问题，就像树的形态。接着，仔细搜寻这个形态结构，寻找答案。只要成为富兰克林方阵的一项必要条件不成立，众多的可能组合就可以摒除。这就像从一棵树上砍掉一根大树枝时连带砍掉了上面所有的细枝。

研究团队把问题输入计算机，然后让程序执行运算。艾哈迈德发现的上限数很快被超过，可能的富兰克林方阵总数急剧减少。连续运算 15 个小时后，计算机吐出边长为 8 的富兰克林方阵的确切数目：1 105 920。这项研究的另一个额外收获是，这个程序也提供了建构这类方阵的方法。

如果富兰克林没有暗藏锦囊妙计，就不足以显示出他的足智多谋了。那一定是宾州议会召开的一个异常乏味的会议，会上他建构了一个 16×16 方阵，方阵中填满 1 至 256 的数字。所有的行、列和弯曲对角线的总和都是 2056，所有

2×2 方阵的总和都是 514。用富兰克林的话来说,那是"魔术师所能创造出来的最不可思议的神奇幻方"。在 10^{500} 个 16×16 方阵中,有多少个满足富兰克林方阵的必要条件,没有人知道。根据推测,应该至少有 1000 万亿个。

数字冲过头！

◆ **摘要**：以不适当的方式处理统计数据，后果可能不只是无知和可笑。错误结论的秘密在于树不会长到天上去，成长曲线会令人讨厌地渐趋平坦。

《自然》期刊是全世界最声誉卓著的专业科学期刊之一，它收到的投稿中超过90%的文章都被退稿了。尽管如此，最近的一则假消息却想办法通过了向来极为严谨的审稿流程。

2004年秋天，4位研究者发表了一篇论文，他们中的3位是动物学家，一位是地理学家。他们在文中预测了未来数百年间奥运百米比赛世界纪录的演变规律。结果出乎意料：在2156年奥运会上，女子选手会跑得跟男子选手一样快，8.1秒就可以跑完全程（2008年奥运会上男子选手的世界纪录是9.69秒，女子是10.78秒）。更为吸引眼球的是，那项预测宣称，在其之后的奥运比赛中，女性选手会跑得比男性对手快。

这4位科学家所用的计算方法是回归分析，这是一种研究数值如何随变项（如时间）的改变而增减的方法。根据他们的分析，自1928年开始，男子选手的获胜成绩以平均每十年0.11秒的速度稳定减少。女子选手的获胜成绩每十年相应地减少0.17秒。研究者据此推断出228年后的获胜时间，得到难以置信的

8.1 秒。

很快,世界各地的专家开始一本正经地讨论这个让人措手不及(对男性选手而言)的消息到底有什么样的含义。对于这项最重要的田径运动的彻底转变,许多国家的报纸和期刊设法找到可能的生理原因。女性肌肉质量提高较快,还是男性睾丸酮供应减少? 抑或禁药的使用才可以解释这种现象? 没有任何人质疑这项研究是否正确使用了统计工具。《自然》期刊的声望太高,以致没有人胆敢质疑期刊上刊登的任何文字。那种行为几近亵渎。

不过,男性选手或许可以松口气了,因为这篇论文的作者评估统计数据时犯了很严重的错误,得出的结论完全无效。他们忽视了回归分析的一项基本原则,即:不可推断超出实际观察时间的结果,而这正是那些作者所做的事。为了明白那些研究结果多么荒谬,让我们做进一步的推断:根据那些作者所采用的方法,2892 年男性会以光速冲刺跑完 100 米,而女性则会以负的时间跑完那段距离。因此,起跑犯规的规则必须修改,因为女选手甚至在比赛开始之前,就已经快速冲过了终点线。

即使回溯到过去也没用。奥运时代之前的英雄阿喀琉斯(Achilles),会悠闲地用 43 秒慢慢跑完 100 米,而潘特希里亚(Penthesilea)①则花 1 分多钟时间完成同样的距离? 难怪阿喀琉斯在战役中打败了亚马逊人,原来那个时代的男性仍是大丈夫。

这项错误结论的秘密在于树不会长到天上去,成长曲线令人讨厌地会渐趋平坦。在田径运动中,这表示 100 米短跑男子和女子的最快纪录可能分别为 9.5 秒和 10.5 秒。忽略这项事实,可能导致许多荒谬的统计"证明"。中国人的人均收入很快就会超过美国人,未来数十年预期寿命会达 120 岁,甚至谷歌的股

---

① 阿喀琉斯是荷马史诗《伊利亚特》中的大英雄,潘特希里亚是其中的亚马逊女王。——译注

票市值会超过美国的 GDP。

以不适当的方式处理统计数据,其后果可能不只是无知和可笑。2004 年瑞士就有一个例子,当时放宽授予外国人公民权的议题获得支持。在公投前夕,全国各地广泛讨论这个议题(瑞士遵循真正的民主方式,修宪必须得到人民同意才生效)。一个"反集体归化独立委员会",实际上由一群仇外人士和种族主义者组成,在瑞士媒体上刊登大量广告,宣称如果民众不站出来反对泛滥的外国人归化,2040 年之前,瑞士人口中就会有高达 72% 的伊斯兰教徒。这个委员会如何得到这个预测的?

没错,1990 年时约 2.2% 的瑞士人是伊斯兰教徒,10 年后这个比例增加到 4.5%。因此,对于 10 年内伊斯兰教徒比例倍增的事实,没有人会否认。从这两个数据出发,"独立委员会"迅速得出结论,到 2010 年,9% 的瑞士人是伊斯兰教徒,2020 年是 18%,2030 年是 36%,而 2040 年则是极其糟糕的 72%。到了这时候,委员会才恢复数学判断力,停止预测。因为如果继续推测下去,对瑞士投票民众中仇外者的暗示将不堪设想:2050 年,伊斯兰教徒人口将构成瑞士人口的 144%,而"正牌的"瑞士人为 -44%。即使头脑简单的投票者,对这样的设想也会大吃一惊。

用数学计算爱情

◆ **摘要**：应该给心爱的人买什么礼物？这个听起来很浪漫的问题，其实不过是简单的决策问题，用枯燥乏味的数学就可以解决。科学家发现利用博弈论和数学模型，可以找出最佳送礼策略。

有个年轻人左右为难，他应该给心爱的人买什么礼物？他要如何向她证明自己对这段感情很认真？爱炫耀的有钱人会选择昂贵的礼物以赢得芳心，例如钻石项链。小气鬼只会送个定做的首饰。圆滑的花花公子会选择华而不实的东西，如一盆兰花或大都会歌剧院的首演门票。这个听起来很浪漫的问题，其实不过是简单的决策问题，用枯燥乏味的数学就可以解决。

伦敦大学学院的索舟（Peter Sozou）和西摩（Robert Seymour）研究的正是这个问题。他们利用博弈论和数学模型寻找最佳送礼策略，2005 年，他们在《英国皇家学会会报》上发表了这项研究。

索舟和西摩建立的模型是根据一系列约会决策所做的求爱游戏。男士送给女士的礼物类型，是他的身份地位的象征。这个游戏从男士选择礼物开始，他送给女士什么样的礼物，昂贵的、华而不实的还是廉价的，取决于他觉得这位女士有多迷人。一旦男士送了礼物，女士必须决定是否接受，并与他单独见面，谈情说爱。接下来,球又到了男士手中,现在他必须决定是与这位女士交往,还是放弃而另寻更适合的对象。

双方都必须小心谨慎。一方面,女士无法马上看到礼物的价值,只有收下礼物之后,她才能判定它的价值。另一方面,钻戒很容易变现,这又会让男性迟疑。双方都必须根据博弈论和概率,依对方的可能意图来进行自我调整。男士自问那位女士是真的喜欢他,还是只对礼物感兴趣;女士想知道这位追求者是否认真投入感情,还是只想短暂邂逅。

索舟和西摩需要找出符合所谓纳什均衡的情况,这类情况以数学家和诺贝尔奖得主纳什(John Nash)命名,电影《美丽心灵》(*A Beautiful Mind*)已经让非数学家都对他耳熟能详。如果无论男士或女士都无法通过单方面改变其策略而获益,这种状态就处于均衡。纳什均衡点可以计算出来,不过上述这个游戏的参与者当然没做任何计算,他们发现导向纳什均衡的途径,要么是透过物竞天择的压力,要么是借由学习过程来达到(例如年轻人适应社会习俗)。一旦参与者达到这样的均衡,任一方都不会产生改变策略的动机。这种情况就是渐趋稳定。

两位研究者共找到 5 种纳什均衡。比方说第 5 种的情况如下:"男性送廉价礼物给没有吸引力的女性,送昂贵或华而不实的礼物给有吸引力的女性,这两种情况各有一定的概率。女性接受所有来自迷人男性的礼物。如果后来发现礼物价值不菲,她们会决定交往。"然而,男性最成功的策略是,送潜在伴侣高价但无法变现的礼物。借由这个礼物,女性收到双重信息:第一,追求她的男性财力雄厚;第二,他对她的评价很高。同时,男性可以避开专门钓凯子的自私女性,因为礼物实际上没有真正的市场价值。

顺带一提,华而不实的礼物不是人类的专利,动物也偏爱送这种礼物。举例来说,当雄孔雀卖力炫耀覆有羽毛的尾部,进行这种毫无效果但会带来很大压力的行为时,雌孔雀对其会相当迷恋。然而,令人不快的一个例子是澳洲蚊蝎蛉,雄虫在交配后会设法偷回它的礼物——多汁的昆虫,以便送给另一只雌虫。

谁赢了井字游戏

◆ **摘要**：两位游戏者分别把○和×放进格子里，其中任意一种排成一行、一列或一对角线就赢了。这个游戏毫无趣味吗？大错特错！数学家提出了有趣的数学问题，并且提供了保证先下就赢的策略。

世界各地的小朋友都喜欢井字游戏，又叫"圈叉游戏"或"抱抱亲亲"。用笔和纸，或者在沙地上用棍子，就可以玩这种游戏。两位游戏者分别用○和×代表自己，并轮流在一个 3×3 网格中填入自己的代表记号。成功地将自己的 3 个记号填在一行、一列或一对角线上的游戏者赢。只有有限的人会一直对这个游戏感兴趣，因为多数人很快会发现，他们可以采取阻挠对手的策略来达成平手，实际上就是不让对方赢。

但若有人认为这个游戏毫无趣味可言，那就大错特错了。2006 年，罗格斯大学的贝克（József Beck）在耶路撒冷希伯来大学一年一度的"埃尔德什讲座"上，证明了这一点。贝克原籍匈牙利，他陈述的数据取自一份刚刚完成的讨论井字游戏的 600 页手稿。他非常幽默，又带有浓重的匈牙利口音，这些都充分彰显了这个系列讲座的命名①。在讲座中,贝克分析了诸如"谁赢得井字游戏?""他怎么赢的?"和"用了多少时间?"等问题。

在传统版的井字游戏中,有8种不同的制胜方式:3行、3列和2条对角线。欧洲有一种称为"四连棋"的游戏,玩游戏的人把他们的记号填进一个4×4网格,无论谁先把自己的4个记号放进一行、一列或一对角线上,就算赢。因此,这个游戏有10种制胜方式:4行、4列和2条对角线。如果在三维空间玩这个游戏,也就是不在纸面上,而是在空间网格中,会有更多的制胜方式。现在有趣的数学问题来了:下第一步的游戏者是否较有利? 是否存在一种策略,可以确保先下的人赢? 对于空间中的井字游戏,数学家已经证明,在3×3×3网格和4×4×4网格中,确实有先下的人必胜的策略。

1930年,年仅26岁的英国数学家拉姆齐(Frank Ramsey)死于黄疸病。他的研究结果显示,如果井字游戏的维度足够高,游戏便不会以平局收场。换言之:当把记号填进所有网格里,一定会决出胜负,但必须维度非常高,这个定理才成立。如果网格边长是10,根据拉姆齐定理,必须在约300维空间中玩井字游戏,才能确保有胜负。目前数学家正在研究在这种情况下,是否有先下者保证赢的策略。

贝克显然很喜欢玩游戏,他还忙着玩另一种三角回避游戏。玩法如下:在一张纸上标出6个点,第一个玩游戏的人用红笔联结其中两个点,然后第二个人用蓝笔联结两个点。游戏者轮流画出他们的彩色线条,但要避免相同颜色的线条形成三角形。谁第一个用他的颜色画出三角形,谁就输。

这个游戏一样不会有平手。根据拉姆齐定理,一定有一位游戏者赢。同样的问题,是否存在必胜策略? 对一组6个点来说,有15条连线。这个游戏玩到

---

① "埃尔德什讲座"得名于匈牙利犹太裔数学家埃尔德什。埃尔德什是20世纪最伟大的数学家之一,发表过1500多篇论文,被称为"只爱数字的人",讲英语时操一口浓重的匈牙利口音。——译注

最后,第一个画线者共画 8 条线,第二个游戏者共画 7 条线。因此,与井字游戏不同,先出手的游戏者吃亏,因为他必须比对手多画一条连线。现在问题变成:对手是否能利用这个优势获胜?

如果用更多点来玩这个游戏,问题很快就变得难以处理了。如果纸上有 18 个点,会有 153 条连线。这些线或红或蓝,还有未着色的,共有 3^{153} 种情况。这约略相当于宇宙中的粒子数,要找出制胜策略几乎不可能。贝克称这类问题为"计算性混沌",即使依靠计算机的"暴力法",仍然无望解决。

所以,这样的问题无论如何不应该用计算机来处理,而要用聪明的数学方法。贝克建议一位博士生研究这个课题,而且给了他一个比较简单的题目。经过 2 年徒劳无功的努力后,沮丧的学生放弃了。但贝克不为所动,继续对同行提出这个问题。10 年过去了,数学界对此仍然没有取得太大进展。

说谎者与半说谎者

◆ **摘要:** 问 20 个审慎明智的问题,通常能在百万人群中找出一个人。但答题者可以说谎几次,什么时候可以说谎,是否半说谎,都会影响提问者在游戏中获胜的概率。而这种游戏竟能应用于信号传输?

大多数人都很熟悉广受欢迎的室内游戏"20 个问题"。一位游戏者负责答题,我们称她为卡萝尔,她选了一个人,但对他或她的身份保密。对手负责提问,我们称他为保罗,他必须借由问卡萝尔问题来找出她心中所选择的那个人,而她只能回答简单的"是"或"不是"。"是男人吗?""不是。""女演员?""是。""美国人?""不是。"如此继续进行下去。如果保罗能在 20 个问题问完之前猜出正确的人,他就赢了。最有效率的猜法是,每一次问一个能把剩下的可能性减半的问题。借着问 20 个审慎明智的问题,我们通常能在百万人群中找出一个人。个中原因是,100 万人连续减半 20 次,只剩下一个人,而这种问问题的方式是最佳做法。

这个游戏有更多复杂的变化版本,其中一种是,让卡萝尔像传达神谕的女祭司,偶尔说谎。这时数学家会问下列问题:卡萝尔可以说谎几次,使保罗问了一定数量的问题后,仍能猜到正确答案?换一种说法,即使卡萝尔说了几次谎,保罗仍能猜出正确的人,这时的群体人数可以有多大? 当然,在这种情况下,要么保罗需要问超过 20 个问题才能找出这号吃香的人物,要么他可选择的群体人数必须较少。

这个问题以波兰裔美籍数学家乌拉姆(Stanislaw Ulam)命名。纽约大学柯朗数学研究所的斯潘塞(Joel Spencer),10 多年来一直想找到解开这个难题的方法。结果表明,解答取决于游戏的精确规则。在一个版本中,卡萝尔在任何情况下说谎的比例有所限制。在另一个版本中,卡萝尔允许给出错误答案,但给出错误答案的情况可能不同。让我们假设可以问 20 个问题,答题者允许说谎的比例最多是四分之一。在第一个版本中,卡萝尔被允许在 8 个问题中最多说谎两次。在第二个版本中,她被允许对前 5 个提问说谎 5 次,但因为她的说谎限额用完了,所以接下来的问题她就必须诚实回答。斯潘塞和一位合作者享受着玩这个游戏的乐趣,同时也进行了相当多的数学研究。最后证明,在这个游戏的第一个版本中,只有说谎的次数不超过问题数的一半,保罗才能找出那个正确的人。如果卡萝尔说谎的次数再多一点,保罗就不可能在游戏中获胜。而根据游戏第二个版本的规则,斯潘塞得到不同的研究结果。在这种情况下,如果说谎比例超过三分之一,保罗就没有机会赢。

但对斯潘塞来说,游戏尚未结束。作为一名数学家,他对自己的研究坚持不懈。一如既往,在成功找到一个问题的解答后,另一个问题开始了。他与他的博士生杜米特留(Ioana Dumitriu)一起研究,把游戏变得更难解。在他们这个游戏版本中,卡萝尔只能在真正的答案为"不是"的时候,才可以说谎。如果答案为"是",卡萝尔必须肯定地诚实回答,因此,卡萝尔成了"半说谎者"。即使卡萝尔半说谎回答,保罗仍能以问 20 个问题的方式找出正确的人,这样的群体人数可以有多大? 我们已经知道,如果卡萝尔从不说谎,保罗可以在 100 万人当中筛选到那个正确的人。斯潘塞和杜米特留算出,如果允许半说谎一次,群体人数减少到 105 000 人;如果允许半说谎两次,人数减少到 22 000 人。如果卡萝尔可以半说谎三次,人数将降到 7000 人。

然而,解答乌拉姆问题的乐趣只是这个游戏的一个方面。这个游戏有一项更严肃的实际应用:有助于信号传输。计算机信息传输的单位,即是 0 与 1 的位串。20 个包含 0 与 1 的位串,可以说相当于一连串的"是"与"不是"的回答。如果传输线的一端因噪声而错误地接收了一些位串,我们就会遇到乌拉姆问题。而如果线路正确传输 1,但传输 0 时并非总是对的,我们遇到的就是半说谎者模式。

截至目前,玩这个游戏是轮流问答。因此,保罗在问下一个问题之前就收到了反馈,可以针对前面的答案调整提问的问题。斯潘塞和杜米特留进一步扩大范畴,设计出游戏的另一个版本。现在,保罗必须在游戏一开始时就提出所有问题,不知道哪一题卡萝尔回答时会说谎话。这表示限制更为严格,但也可以更恰当地对应于电信和计算机科学中的情况。因为 0 与 1 通常连续单向传输,不等待响应,反馈有限。好消息是,计算机科学家能够利用部分反馈系统抵消这种不利因素:传输一定量的位串信息后,送出一个检查码,用以侦测是否有错。游戏结果已成定局。

人机大战
谁称臣

◆ **摘要**:第一场人机大战中,战况千钧一发。两年后,一生只输过7场比赛的教授,在6场平局后选择退出赛事。自此之后,关于在西洋跳棋中机器是否优于人脑的问题,一直没有定论。

数世纪来,西洋跳棋游戏一直是人们愉快地共度时光的好方法,玩法也足够简单,但对每个想赢的玩家来说又充满挑战。16世纪时,它是西班牙皇室成员最喜欢的消遣,虽然考古学发现它的年代可追溯到古埃及时期。然而,现在看起来这个游戏的乐趣可能将寿终正寝,加拿大的计算机科学家在研究了这个问题达18年之后,已经证明,如果两个势均力敌的游戏者比赛,游戏结果必定是平局。

西洋跳棋是24枚棋子的棋盘游戏。这是一种策略游戏,完全无法靠运气取胜。对计算机科学家来说,这个游戏可以作为一种测试和检验依靠自身能力直观地掌握情况和做出决策的人脑,是否优于用"暴力法"在数十亿种可能的解答中寻找制胜策略的计算机。

1989年,加拿大阿尔伯塔大学计算机科学家沙费尔(Jonathan Schaeffer),在"暴力法"上下赌注,开发了名为切努克的计算机程序,这个程序采用搜索策略确定游戏中的正确走法。在第一场人机大战中,战况千钧一发。切努克对战数学家及知名西洋跳棋世界冠军廷斯利（Marion Tinsley），结果落败，尽管差距甚微。两年后，情况不同了。这位一生只输过7场比赛的廷斯利教授，在7场平局后选择退出赛事。自此之后，关于在西洋跳棋比赛中机器是否优于人脑的问题，一直没有定论。

但沙费尔继续进一步发展他的程序。那是令人却步的任务，因为游戏过程中会出现5×10^{20}种可能的情况。一般的"暴力法"，也就是在所有游戏情况中寻找最佳走法，完全不可行。

所以换句话说，这留给人脑，给沙费尔和他的同事去发展更聪明的算法。这个团队建立了数据库，以便分析棋盘上剩十子或更少棋子时的残局。把需要分析的可能情况数量减少到只有390亿种，然后根据最后是黑棋赢、白棋赢还是平局，再把这些残局分类。1989—1996年，他们花了7年时间将8子或更少棋子的残局进行分类。然后团队暂停了工作，等待更快、更强大的计算机问世。这样的计算机问世之后，团队又开始分析9子和10子的残局情况。经常性地，他们使用多达200台的台式计算机来解决这个问题。

接下来，这些科学家分析了开局后走3步会出现的情况。一个专门研发的程序找出了让两位参赛者都有最佳获胜机会的走法。沙费尔发现，如果两位参赛者进行这种完美比赛，他们一定以平局收场。

截至目前，西洋跳棋仍是用计算机进行分析的最复杂游戏。国际象棋会不会是下一个臣服于计算机力量的游戏？专家指出，在可见的未来，这种情况不可能发生。西洋跳棋已经很复杂了，国际象棋则更复杂。在国际象棋中，可能的对局数约为10^{40}。

由于这个原因，沙费尔开始研究扑克。与西洋跳棋和国际象棋不同，扑克游戏的挑战性在于除了虚张声势的因素外，游戏者不拥有全部信息。在一场沙费尔的计算机程序"北极星"与两位世界最佳职业扑克选手的比赛中，人类还是赢了，但仅是险胜——人类两胜，北极星一胜，还有一局平手。

第7章
选择与分割

犹太法典是
博弈论先驱

◆ **摘要:** 近 2000 年前的犹太法典《塔木德经》有一个关于分配问题的古老训言,我们如何根据现代的博弈论来思考犹太圣哲得出的神秘数字?

如果你在耶路撒冷看到一个正统犹太人,蓄着白胡,头戴无檐便帽,会想当然地认为他是一位拉比(犹太教经师或神职人员)。而当你发现这个人是 2005 年诺贝尔经济学奖得主奥曼(Robert Aumann)时,肯定会大吃一惊。奥曼 1930 年出生于德国,"二战"爆发时全家移居美国,当时他 8 岁。成年后他迁居以色列,他称之为"家"的地方。奥曼是信仰虔诚的犹太人,完全忠于犹太国。他公开支持以色列右翼,这多少让他在大多为自由思想派的同行中成为局外人。

奥曼研究关于博弈论的问题,以科学的、严谨数学的方式分析经济行为。自从成为希伯来大学荣誉教授后,奥曼一直是耶路撒冷合理性研究中心成员。

这位教授以他亲切的热情和卓越的幽默感著称。在耶路撒冷城中,每个人都用他的希伯来文名字"依色列"(Yisrael)问候他。笔者第一次见到他本人,是在耶路撒冷当学生的时候。奥曼毫不迟疑地邀请我到他的屋里一谈。那时的奥曼已经很出名,深知面前这位学生心存敬畏,为了让他的客人觉得自在,他叫小儿子端来一杯可可,借此打破了僵局。可悲的是,几年后,在 1982 年黎巴嫩战争中,这位当上了以色列士兵的儿子在战火中丧生。

喪子 3 年后,奥曼和同事马希勒(Michael Maschler)在《经济理论期刊》(*Journal of Economic Theory*)上发表了一篇论文,讨论《塔木德经》中圣哲已经解答但迄今无人明了的一个问题。这是一个古老的训言,里面提到把一个丈夫的遗产分给他的 3 位遗孀。奥曼把这篇研究成果献给儿子,作为纪念。

这个问题是,有个男人在遗嘱中规定,3 位太太应该分别得到 300、200 和 100 苏西①的遗产。然而他过世后,人们发现这个男人的全部财产只有 200 苏西。这份遗产如何分配呢? 今日的遗嘱执行人一般会依比例分配,一半遗产给第一位太太,三分之一给第二位太太,六分之一给第三位太太。然而,《塔木德经》提出了不同的解答:前两位太太各得到 75 苏西,第三位太太得到 50 苏西。犹太圣哲如何得出这些神秘的数字的?

根据奥曼和马希勒的说法,依据现代博弈论来思考这个问题就很容易理解。《塔木德经》决定的分配方式,相当于博弈中的所谓核仁。让我们假设在一件破产案中,两位债权人分别被欠 300 美元和 200 美元,但破产公司的全部资产只值 350 美元。这些当事人可以在塔木德法庭进行如下争论:第一位债权人利奥要求 350 美元中的 150 美元无可争议必须给他,因为另一位债权人琳达在最佳情况下得到的也不可能超过 200 美元。运用同样的论点,琳达可以要求 50 美元无可争议地属于她,因为利奥最多得到的也不超过 300 美元。一旦分配好 150 美元和 50 美元的金额,还剩下 150 美元,这个金额由塔木德法官平均分配给两位债权人。因此,利奥会得到 225 美元,琳达得到 125 美元。如果依比例分配,就如同现代法官的做法一样,利奥和琳达会分别判得 210 美元及 140 美元(剩余资产的 60% 和 40%)。225 美元和 125 美元的这种分配,在博弈论中就被称为这个问题的核仁。

---

① 苏西(Zuzim),古犹太祭师货币单位。——译注

如果有 3 位或更多债权人,事情就变得棘手了。但奥曼和马希勒也研究出了一种方法,可用来找出这类案例中的核仁。根据规定,解答必须符合下列程序:计算你认为依照塔木德方法任意两位债权人会得到的分配总和,然后检查分配后的数值相加,是否真的等于那个总和。

为了更好地说明,以要求得到 200 苏西和 100 苏西的两位太太为例。根据《塔木德经》,这两人应该得到 75 苏西和 50 苏西,也就是总和为 125 苏西。现在,让我们检查这些数字是否符合准则:第一位太太可以要求得到无可争议的 25 苏西(因为在最好的情况下,第二位太太也只能得到 125 苏西财产中的 100 苏西)。另一方面,第二位太太无法要求任何财产(因为第一位太太要求的 200 苏西超过可分配的总额)。把 25 苏西判给第一位太太后,剩下的 100 苏西均等分给两人。因此,财产分配正如《塔木德经》的建议,与核仁相符。

奥曼指出《塔木德经》是经济理论的宝库,风险规避、"看不见的手"、自由竞争以及度量衡标准化等基本概念,都能在近 2000 年前写成的这本犹太法典中找到。

你的蛋糕比我的大

◆ 摘要：3 个人如何分配一块蛋糕？数学家告诉我们一种方法：分块、切除、选择……蛋糕块愈来愈小，切下的小块也愈来愈小，最后分配蛋糕屑，永无止境。

关于亚伯拉罕和罗得①之间如何分配圣地的故事，《圣经》里是这么说的：叔叔在靠近伯特利城的地方画了一条从北到南的假想线，然后告诉侄儿："你向左，我就向右；你向右，我就向左。"侄儿现在必须做出选择的两个部分价值并不相同。东边部分是约旦谷地，有着肥沃、水源充足的土地，布满茂密的草木。西边由未知的高地构成。显而易见，亚伯拉罕无意将那块土地公平地分成相同大小、相同价值的两部分。对他来说，至少就他看来，伯特利以东和以西的土地价值相同，所以他把选择权留给侄儿。

罗得关心的是他眼前的物质利益，一如预期地选择东边的土地。他很满意，因为严格说来，他得到的超过了他合理的份额。至于亚伯拉罕，因得到了迦南所以也很满意，反正他并不在意那块土地两部分的差异。

①　亚伯拉罕是犹太教、基督教和伊斯兰教的先知，也是传说中希伯来民族和阿拉伯民族共同的祖先。罗得是亚伯拉罕的侄儿。——译注

因此，根据他们自己的评判，亚伯拉罕和罗得双方都觉得自己很幸运，两人各自轻易获得了一半以上的总值。《圣经·旧约》如此精彩描述的，是经济学家和数学家称为公平分配的程序，两人之中无人觉得自己处于劣势。事实上，我们从小就很熟悉这种方法。当彼得和汤姆分一块巧克力时，可能由彼得来分巧克力，由汤姆先选；或者汤姆分，彼得先选。在两种情况下，选择的人能确定负责切分的人会尽力公平地分配那个物品。这就是为什么他们各自取得自己的那份后，不会嫉妒另一个人。但是，如果巧克力棒里有一粒榛果怎么办？如果要分配的物品不是由同一性质的东西组成的怎么办？就像圣地那个例子一样？如果估算他们得到的部分价值不相等，通常双方可以支付一定金钱作为补偿。但我们如何确定榛果的价值？以离婚为例，资产可以出售后再分配，但孩子的探视权价值多少？还有，如果一根巧克力棒要分给3个或更多孩童，该怎么处理？

这个问题实际上远比乍看之下更复杂。1940年代，波兰数学家斯坦豪斯（Hugo Steinhaus）研究过这个问题。他主张公平分配首先要合乎比例（各自都相信自己至少已经得到了应得的部分），其次是不能引起别人嫉妒（任一方都不能喜欢他人的份额胜于自己得到的）。然后，斯坦豪斯证明，无论参与人数多少，公平分配物品的程序必定存在。不幸的是，他能做到的只有这些。除了3个参与者的情况，他无法提出可以执行公平分配的实际程序，而且他提出的方式也无法做到参与者不嫉妒他人。

直到1962年，北伊利诺伊大学的塞尔弗里奇（John Selfridge）和当时在剑桥的康威，发现了3人情况下的可行方法。这个方法既合乎比例，又不会招致他人嫉妒。然而，它比只涉及2人的情况复杂得多。让我们假设艾伯特、贝丝和查理要分一块蛋糕。艾伯特先把蛋糕分成他认为相等的3块，贝丝目光锐利，认为艾伯特没做到公平分配，于是切掉她觉得3块中最大一块的一小部分。她在切的时候仔细估量，以确保这一块现在与第二大的那块蛋糕一样大。对她来说，这两块蛋糕都可以接受。现在查理从3块中选出他最喜欢的一块。他很满意，因为他得到了他认为最好的一块。然后贝丝选择她切掉小部分的那一块或先前的第二大的那块。她不会觉得嫉妒，因为毕竟她得到了从一开始她就可以接受的两块之一。艾伯特最后选。因为他是最先把蛋糕切成他认为 3 等分的人，所以对另外两人也没什么好抱怨的，所以，3 个人都很满意。但贝丝切掉的那一小块呢？嗯，现在开始新的一轮，分块、切除、选择，就像之前一样，只是这一次处理的是第一轮留下的那一小块。原则上，这个程序永远不会结束，蛋糕块愈来愈小，切下的小块也愈来愈小，最后分配蛋糕屑，永无止境。

"二战"结束后，当斯坦豪斯仍在与这个问题奋战的同时，尽管是在不经意间，有一个著名的案例已经运用了塞尔弗里奇和康威的方法。1945 年 2 月，英国、法国、苏联和美国在克里米亚半岛的雅尔塔开会，讨论如何解除德国作为超级大国的地位。他们分割德国，每个盟国得到一块，但发现很难获得让人满意又不招致嫉妒的解决方案。于是只好把柏林从俄国分得的那部分中取出来，把它当成剩下的小块蛋糕，再依次分成 4 块，最后才达成协议。（可能，只是可能啦，柏林的例子可以作为中东两国方案①的蓝本，把圣地从争议区域移除出去。）

严格来说，分割切掉的部分，以及切掉的部分再切掉等等的程序，只适用于 3 个参与者的情况。但到 1995 年，两位数学家布拉姆斯（Steven Brams）和泰勒（Alan Taylor）找出了能把这个方法扩展应用于 3 人以上的情况。不幸的是，这样需要切很多次蛋糕，一小部分也要切很多次，每增加一人，次数就加倍。不过，这两位教授还是很快地为他们的公平分配程序申请了专利。任何热衷于了解这个方法如何影响伊凡娜（Ivana）与特朗普（Donald Trump）离婚财产分配的人，可以看看美国专利局网站上的第 5 983 205 号专利。

---

① 指以色列和巴勒斯坦分别立国的方案。——译注

多到难以抉择的烦恼

◆ 摘要：假定选择公理为实，意味着一种结果；放弃选择公理，意味着另一种结果。而让人惊慌的是，许多问题就是没有单一解答。不管选择多么琳琅满目，我们别无选择——必须选择。

20世纪初，策梅洛（Ernst Zermelo）、弗朗科尔（Abraham Fraenkel）和斯科伦（Thoralf Skolem）构建的集合论公理，成为现代数学的基础。然而，他们提出的公理之一，所谓选择公理，却引发争议。一方面，一些数学定理唯有靠它才得以证明。另一方面，许多纯粹主义者无法说服自己接受一个公理，它以某个函数为出发点，这个函数从一个元素的集合中挑选一些特定元素，却不能明确说明如何进行挑选。

今日，绝大多数数学家和科学家都在日常工作中自由运用这项公理，甚至没有意识到这是一个公理，但一些理论数学家却不愿运用它，他们断言运用这项公理会证明出看来荒谬的结果。举例来说，选择公理被用来证明一实心球体可以切割成若干小部分，然后这些部分可以重组为两个新的球体，而两球的大小与原来的球体完全相同。数学家选择奉行哪一个学派，对结果影响很大。耶路撒冷希伯来大学的希拉（Saharon Shelah）和芝加哥大学的索伊费尔（Alexander Soifer）

证明,即使一个具体的数学问题,它的解答也可能取决于是否接受这项公理。他们的研究结果显示,运用选择公理的世界与没有运用选择公理的世界,两者的差异远大于迄今为止人们的认识。

想象一个集合族,其中每一个集合都包含一些物品。选择公理指出,可从每一个集合中挑出一件物品。每天早上穿衣服时,我们都做选择性决策:我们从衣柜的一个衬衫集合中挑出一件衬衫,同样,从一个长裤集合中挑出一条长裤,从毛衣集合中挑出一件毛衣等。因为衣柜只能放进数量有限的各类衣物,我们可以明确地做出选择,举例来说:"挑右上方架子上的那件蓝衬衫。"

当谈到无限大集合时,我们就会遇到问题。事实上也不尽然,就如哲学家罗素指出的,我们总是可以从无限双鞋子的每一双中,挑出一只鞋子。选择规则可以很简单:"挑每双鞋子的左脚。"但当要处理无限双袜子的问题时,就没有明确的挑选方式了。为了从无限双袜子的每一双中各选出一只袜子,必须假设选择公理成立。另一个例子是,在有无限个班级的学校中,可以从每一个班级挑出最好的学生,但当碰到无限个火柴盒时,没有规则可以让人们从每个火柴盒中挑出一根特定的火柴。重述要点:成双的鞋子或学校班级不需要选择公理,因为可以制订特定的选择规则。但对于袜子或火柴,没有办法从集合中找出特定元素,我们必须仰赖选择公理。唯有这样才能说"选一只袜子"或"选一根火柴"。

1960 年代,索罗维(Robert Solovay)证明了策梅洛、弗朗科尔和斯科伦的公理,结合选择公理,证明了不可测集的存在。这表明可以想象有另一套公理系统。瑞士数学家伯奈斯(Paul Bernays)所构建的这套系统,只需要适用范围较小的选择公理,但相应假设集合的所谓"勒贝格可测性"成立(类似于欧氏空间中的长度、面积或体积,勒贝格测度可定义集合的"大小")。

两个公理系统都可以用来推导数学定理,但它们是互斥的:定理只在其中一个公理系统中成立。

希拉和索伊费尔在一系列论文中证明,是否接受选择公理不只体现人们的哲学倾向,它影响到具体问题的结果。因此,选择公理显现出的意义,与几何学中的平行公理相似。自欧几里得时代起,数学家一直坚持平行公理必须成立,没有这项公理,就无法证明许多日常经验证实的几何定理。但 19 世纪,波尔约(John Bolyai)、罗巴切夫斯基(Nikolai Lobachevsky)和高斯出现,证明有不需要平行公理的几何学,由此开启了新世界。他们扬弃了平行公理,证明除了欧氏几何及其平面几何,还可以推断出弯曲空间中存在其他几何(举例来说,爱因斯坦凭借"非欧几何"发展了相对论)。同样,希拉和索伊费尔证明,是否认为选择公理成立,将导致好几种不同的现实结果。

这两位数学家从 1950 年由年仅 18 岁的学生尼尔森(Edward Nelson,现为普林斯顿大学教授)所阐述的问题着手。尼尔森考虑了所有在平面上的实点,问道:需要用多少种颜色为每一个点着色,才能让彼此相距一定距离(如 1 厘米)的两点,颜色不同? 这个问题可以轻而易举地证明,不需要借助选择公理,答案是至少需要 4 种颜色,7 种则绰绰有余。但我们到底需要 4 种、5 种、6 种还是 7 种颜色? 三维空间中存在同样问题,我们只知道需要的颜色数介于 6—15 之间。

希拉和索伊费尔从稍简单的问题开始,也就是为沿着实线的点着色。他们选定为相距一特定距离的两点画上不同的颜色(两点距离设定为无理数 $\sqrt{2}$ 的倍数,原因此处不讨论)。

在假设选择公理成立的情况下,为了了解如何计算所需的颜色数,请想象有一个无限大的班级,班中所有学生排成一排。根据选择公理,班上有一个最优秀的学生。其他公理让我们决定每一个学生站在距离这第一名多远的地方。举例来说,根据距离是奇数还是偶数,给学生一个特定的颜色。因此,需要两种颜色,才能以这种方式为学生着色。

现在让我们放弃选择公理,以假设勒贝格可测性成立取而代之。为了说明希拉和索伊费尔证明中的概念,让我们思考一个有限大小的盒子,里面装满了无限小且完全相同的火柴。因为无法区别火柴的差异,上述方法不适用。但现在

让我们假设可以用 n 种颜色为火柴着色。现在,根据颜色可以把每一根火柴分派到 n 个类别中。依据勒贝格测度,可以确定这些类别的大小。希拉和索伊费尔证明,因为火柴无限小,这些类别的大小也就永远为 0。而因为大小为 0 的类别组合起来后大小一样为 0,所以所有火柴聚集起来大小还是 0,但这与盒子有限大小的事实抵触。因此,这个假设一定是错的:n 种颜色不足以为所有火柴着色,无论 n 是多大。

在随后的研究中,希拉和索伊费尔提供了平面和三维空间的着色问题范例。它们都指向同样的问题:假定选择公理为实,意味着一种结果;放弃选择公理,取而代之以假定勒贝格可测性为实,意味着另一种结果。尼尔森的问题仍然没有确切答案,希拉和索伊费尔解释了原因。让人惊慌的结论是:许多问题就是没有单一解答。因此,即使绝大多数数学家可能接受选择公理,希拉和索伊费尔仍提请大众注意这项公理固有的复杂性,强调了在两个公理系统中做出选择的必要。我们不能仅仅假设选择公理成立。因此,不管选择多么琳琅满目,我们别无选择——必须选择。

选出最佳教皇
和最佳歌曲

◆ **摘要**:如果以足球比赛中的晋级方法来选教皇会如何？竟要进行多达6555次的对决！如果选欧洲歌唱大赛冠军呢？得反复听空洞又令人作呕的歌！

回顾2005年4月,当115位红衣主教回到罗马西斯廷教堂选举新教皇时,气氛一定很紧张:这些神职人员不知道他们得坐多久投票才会结束,因为红衣主教必须获得至少三分之二的多数选票才能赢得选举。考虑内部对抗、口角争论、激烈竞争和对立情绪,选举过程可能费时数日。

几个星期后的5月,一场重要性稍低的选举在基辅举行,要选出欧洲歌唱大赛冠军。24位歌手齐聚体育宫,焦虑地等待结果。谁的歌会被选为最佳(或至少最不令人反感的)歌曲？同样,一个设计巧妙的规则将决定结果。

民主最大的成就之一是,制定了每位公民在选举中都有投票权这项规则,但这个广泛实行的方法有一个显而易见的缺点。因为每位公民只投票给自己喜欢的候选人,但对那位特定候选人的喜爱程度他自己并不很清楚。有些投票者对一位候选人的喜爱可能只稍高于其他人,而其他投票者对这同一位候选人的喜爱可能远高于其他人。简言之,"一人一票"原则无法反映候选人的真实排序。这非常可能造成一种情况,就是多数投票者会勉强投票给一位折中情况下的候选人，而又不真正希望他当选。

1770年，海军军官和数学家波达向自然科学学院建议一种新的选举方式，让投票者更能表达他们的偏好程度。比如说，如果有5位候选人参选，每位选民可以给最喜欢的候选人打4分，第二选择的候选人打3分，再下一位候选人打2分，然后再下一位打1分，给那位最后剩下的候选人0分。分数累计最多的候选人当选。这种规则叫作波达计数法。

不是每个人都赞同波达计数法，批评者之一是数学家和政治家孔多塞(Marquis de Condorcet)。他认为波达的方法会招来阴谋诡计。因为兼跨科学与政治两界，孔多塞明白，一旦一群选民发觉他们最喜欢的候选人的对手有可能胜选，他们就会结盟，为了阻止对手达成目标，大家一致给他0分，这样就可以毁了他的胜选希望。这种密谋的可能结果是排名第三的候选人当选，他从来不是真正的胜选者，仅仅因为别人的折中而胜选。

因此，孔多塞提出自己的建议方式，替代波达计数法。在一连串的对决中，每一位候选人都与其他人竞争。在每一次对决中，赢得多数票的人获胜。打败所有对手的候选人必定是赢家，但即使这种方法可以找出最恰当的候选人，孔多塞的规则仍然存在缺点。首先是这种方法非常耗时，115位红衣主教要进行多达6555次对决，才能选出无异议的教皇(就算对决程序碰巧从最优秀的候选人开始，他打败所有对手，仍然需要114个回合才能宣布他当选)。在欧洲歌唱大赛中，采用这种方法需要反复听空洞的歌曲，令人作呕。但有关孔多塞的方法更严重的争论是，可以打败所有对手的候选人往往不存在。一般而言，就算最杰出的候选人也会输掉一些选战。

简言之，没有理想的投票法。尽管波达的规则保证产生赢家，却提供机会方便人们进行操控；虽然孔多塞的规则不会受到操控，却可能没有"孔多塞赢家"。

在国际象棋赛事中，孔多塞的方法是标准做法，所有参赛者与其他所有对手对战。在网球赛中，参赛者排成一个树状形态，每晋一级，参赛者人数减半。欧洲足球锦标赛实施两阶段赛程以产生获胜球队。在资格赛中,抽签决定球队分组。接着在小组中运用孔多塞的方法,每队都与其他队对战。然后,各小组中得分最多的球队晋级决赛阶段,以网球赛的方式进行,每一轮淘汰一半队伍。欧洲歌唱大赛采用波达方法为歌曲评分:各个国家的评审员给最糟歌曲的参赛者0分,接下来,他们将1—10分给予他们比较喜欢的10首歌,最后给自己认为最棒的那首歌12分(恶名昭彰的12分)。

为什么是12分?答案很俗气:这个数字是随便定出来的。比如说,如果评审员可以给他们喜欢的歌打11分、13分或20分,欧洲歌唱大赛冠军很可能就是另一个人。另一方面,当选教皇要获得三分之二多数选票的规定是有原因的:至少要有一半支持者倒戈向他的对手,对手的选票才能达到所需的多数。毋庸置疑,无论从数学的观点还是宗教的观点来看,教皇阐述教义时绝对不会出错的。

第8章
钱，以及赚钱

跟着金钱走

◆ 摘要：欧元硬币反面有各国不同特色的图案，为什么这些硬币可以告诉我们流行病如何蔓延、谣言如何传播，还有喜欢到西班牙的德国人比喜欢到芬兰的西班牙人多？

2002 年除夕次日，许多欧洲国家结识了一种新货币——欧元。对一般购物者来说，这意味着令人焦虑不安的换算；而对经济学家、金融专家和统计学家来说，则可乘此良机开展一些研究。欧元硬币标示面额那一面，每个国家都相同，但反面的图案则具有民族特色，各不相同。硬币就是一个展现欧洲艺术、历史和音乐的名副其实的万花筒：在西班牙付钱吃海鲜饭，找回来的零钱可能是带有莫扎特头像的奥地利硬币；巴黎咖啡馆老板可能在他的钱柜里发现印有达·芬奇的素描"维特鲁威人"的硬币；荷兰侍者收到小费，其中的硬币上，可能刻着法国格言：自由、平等、博爱。

每个国家的铸币量，与该国在欧洲市场的经济重要性相当。总共 650 亿个欧元硬币中，32.9% 来自德国、法国、意大利和西班牙，卢森堡只占 0.2%。2002 年 1 月 2 日，每个公民分配到约 100 个硬币。因为有这些差异，不同货币之间的转换让研究者得以通过追踪硬币跨越国界的路径来研究货币的流通。

荷兰国家银行所做的研究发现,任一人平均携带 15 个硬币。其他 85 个硬币留在银行和商店的钱柜里。将欧洲人的旅行习惯做计算考虑在内所做的统计显示,每年每个国家约有 10% 的硬币输出,同时有相同数量的硬币流回国内。随着时间推移,欧洲国家的硬币会混合在一起,直到达成均衡。届时,所有国家的硬币分布会与它们的造币量成比例。科学家想解决的问题之一是,需要多久才会出现这样的情况? 而这就是意见产生分歧的地方。

德国统计学教授斯托扬(Dietrich Stoyan)建立了一个数学模型,该模型由近 150 个微分方程组成。他所用的变项包括不同欧洲国家旅行者的移动性、上班一族的行为、硬币收藏家的活动、度假地点的偏好、跨境上班族的家庭关系等。这个模型也考虑了夏季里因为度假旅游带来的更多的货币流动,以及滑雪季节后,奥地利的欧元积聚在平原国家的现象。其他已经发展出来的模型,大多数只在使用术语上有所不同。

为了证实他们模型的有效性,科学家多半仰赖志愿者提供的记述,后者不时告知在自己钱包里找到的硬币数量以及国别。当然,这种方法在统计学上不是非常可靠,因为志愿者多半容易在发现钱包里有特别多的外国硬币时才会申报。另一项阻碍这项研究的因素则在刚开始时就被低估了:进入外国的硬币起初容易从流通过程中消失,因为收藏者倾向于秘藏而非使用它们。然而,搜集到的数据显示,硬币明确地从北到南流动。这个发现可用一项事实来解释,就是喜欢到西班牙的德国人,比喜欢到芬兰的西班牙人多。

最重要的是在各种不同模型中,确定哪一种最能描述硬币的混合过程。因为模型对欧元何时达到完全混合有不同的预测,混合的发展速度可以用来对研究进行测试。斯托扬的模型指出,2020 年之前硬币流动应该能达到完全的均衡。

然而,不只经济学家对欧元流动的研究感兴趣,这项研究的思路和方法在其他领域也能发挥作用。举例来说,流行病如何蔓延、谣言如何传播,以及植物如何入侵外国栖息地等问题，都可以进行类似的研究。假如有一天瑞士或英国加入这个货币联盟，则又可以进行新的研究。这相当于调查一个新的感染源出现时，生物如何反应，或是当细胞膜破裂且微生物侵入时，会发生什么事。

地震、癫痫发作
与股市崩盘

◆ 摘要：物理学与金融理论的美满结合是如何产生的？金融市场突然发生的大幅度价格变动，为什么与地震及癫痫发作有一定的相似性？股市价格暴跌与沙堆崩塌或交通拥塞又有什么关联？

股市变化受控于理性思考的投资人对股票的供需要求——至少古典经济学家传播的理论是这么说的，但一派新近出现的科学家，即所谓的经济物理学家对此表示不敢苟同。他们视市场参与者为由自发性代理人组成的群体，他们以类似于气体分子运动的方式互动。

全球危机紧紧牵动金融市场的频率在不断增加，这让经济学家和金融市场理论家同感困惑。根据他们的模型，如 1987 年股市崩盘、2000 年网络泡沫破灭、2007 年油价飙升，或者最近的金融紧缩，这样的事件发生的频率应该比实际小得多。已有的发展出来的模型显然无法描述这种现实情况。无怪乎，在金融和经济领域以外的科学家也觉得需要协助大家一起检视经济科学。最近有一群物理学家正做着这样的工作，他们打着"经济物理学"的旗号，试图以统计力学的方法来描述市场。

但他们并不是第一次这么做的人。更早的时候，心理学家和行为科学家便尝试去了解经济体的神秘现象。这些科学家根据调查和控制实验室实验，设法厘清人们如何做出金融决策。卡纳曼（Daniel Kahneman）和史密斯（Vernon Smith）是这个领域的先锋，两人因这项研究而获得了 2002 年诺贝尔经济学奖。更近期，神经科学家登上舞台。他们配备了测量脑部血流的机器（利用核磁共振技术），测定当人们进行买和卖的行为时，脑部哪个部位和哪种情绪在运作。接着出现的是物理学家。与其他领域的学者相反，他们不研究个人及其行为，而是把市场参与者视为整体，个人是以类似于气体分子方式互动的"代理人"。为了了解市场行为，经济物理学家使用统计力学的方法，这种方法起初是用来追踪气体的宏观特性（如压力和温度），以验证分子的微观行为。

根据传统的金融市场理论，股票交易价格是由市场参与者对股票需求决定的。希望财富最大化的投资人，根据基本经济变量的现状和未来预期做出理性决策，以趋向股票的"真实"价值。为了找出决策问题的数学解答，"理性"投资人运用古典微分学方法。巴黎综合理工学院物理学教授和资源基金管理公司研究部门的主管包查德（Jean-Philippe Bouchaud）认为，这个观点需要彻底革新。他认为金融工程师过度信赖未经验证的公理和错误的模型。包查德指出，惯常的理论错误地仰赖"看不见的手"、理性投资人和有效市场①等理论。几十年来，经济学家对这些类似于公理的概念依依不舍，尽管实证经验显示它们站不住脚。这类僵化的思维很危险。举例来说，包查德认为，将自由市场奉为圭臬，导致管制解除，引发了最近悲剧性的金融危机。

另一个过时经济模型的范例是分配问题。在古典经济理论中，核心概念之一是以利润最大化为目标的代表性个人。德国基尔大学货币经济学与国际金融教授卢克斯（Thomas Lux）解释，如果所有消费者都是代表性个人，就不会出现收

---

① "有效市场假说"理论认为，投资者买卖股票时会迅速有效地利用可能的信息，所有影响股票价格的因素都已反映在股票价格上，技术分析是无效的。——译注

入与财富上的差距。其他专家认为,完美市场①——在这种市场中,股价反映所有可得的信息——只存在于理论中。

然而,积习难改,经济学家紧抓着传统概念不放。物理学家包查德宣称,这就是为什么久负盛名的物理科学,可以对相对年轻的经济科学指点一二的原因。他指出,起码物理学本身有数百年的历史,已经学会处理挫折和失败。物理学家也因此意识到他们必须偶尔忍气吞声,摒弃无用的理论。这种建立理论的方式是科学研究的必要条件,但许多经济学家显然对此仍很陌生。

物理学与金融理论的美满结合,或曰"共生",始于 1900 年。那一年,法国数学家巴舍利耶(Louis Bachelier)将他的博士论文提交给巴黎大学。借助一套新方法,他开始研究股票交易活动。该方法是巴舍利耶为了描述液体粒子的不规则运动,即所谓的布朗运动而新近提出的。——请注意,那可是在爱因斯坦独立发展出同样方法的 5 年之前。

但一个严重的问题此后一直困扰着金融市场观察家。巴舍利耶的基本假设中有一项是错的。他假定价格变动遵循所谓的高斯正态分布:多数股价变动很小,可绘制为一条钟形曲线。然而,这个假设在一个关键点上出现错误。一般而言,尽管小幅度和中等幅度的价格变动的确遵循这个模式,但极端事件,如股市崩盘或价格骤升,却比我们根据这条钟形曲线所预测的更频繁出现。统计学家表示,相比于高斯钟形曲线,实际的价格波动分布有"厚尾"②。

由波士顿大学的斯坦利(H. Eugene Stanley)领军的一群物理学家,希望找出其他更适合描述股市行为的分布曲线。最后他们找到了所谓的比例定律和幂次

---

① "完美市场"又称作"完全市场",在这样的市场中,资源以均衡价格被分配,进行交易的成本接近或等于零。任何力量都不对金融工具的交易及其价格进行干预和控制,任由交易双方通过自由竞争决定交易所有条件。——译注

② 与正态分布的图形相比,厚尾分布的图形上尾部较厚,峰处较尖。这意味着其数据出现极端值的概率要比正态分布大。——译注

定律分布,混沌理论创建者曼德尔布罗特(Benoît B. Mandelbrot)用它们来测量海岸线、花椰菜表面,以及原料在市场上的价格波动。经济物理学家指出,许多自然现象基本上都是这类分布。举例来说,苏黎世瑞士联邦理工学院企业风险讲座教授索奈特(Didier Sornette)相信,金融市场突然发生大幅度价格变动的统计数据,与地震及癫痫发作的统计数据,具有一定的相似性。同时,丹麦的巴克(Per Bak)将股市价格暴跌与沙堆崩塌及交通拥塞联系了起来。

一旦明确幂次定律分布可以非常恰当地描述股市波动,就需要有理论来证明它们的应用。毕竟,如斯坦利所承认的,统计观察只能提示关于极端事件的相对频率,无法解释其成因。因此,为了了解股市波动与各种自然现象具有类似特性的原因,我们必须查明为什么幂次分布无所不在。

根据卢克斯的说法,有一个因素可以将物理现象与股市联系起来:网络中无数交连在一起的元素的相互影响。凡是拥有多种相互作用的现象,几乎都可以用幂次定律分布来描述。举例来说,地震学中的情况可能是,小裂缝中的能量不断积聚,且愈积愈大,最后引发地震。这是索奈特得出的结论,他之前在加州大学洛杉矶分校的地球及太空科学系做研究。在癫痫的例子里发生的情况是,神经元之间相互影响,它们通过突触以各种方式彼此联结。

经济物理学家将这些概念转移到金融市场领域,认为必须将投资人之间的相互作用及由此产生的行为考虑在内,才能真正了解价格波动的分布。索奈特提到,这类相互作用包括仿效别人的欲望、群聚行为、正反馈、恐慌反应以及自发性的自我组织等行为,但并不是每个人都接受这种类比的。罗格斯大学金融理论家米兹拉克(Bruce Mizrach)指出,不同现象呈现类似的幂次分布,并不意味着它们一定遵循同样的定律。

但经济物理学家们坚持己见。他们利用计算机模型求证,投资人之间单纯的行为(如"如果这只股票价格下跌5%就买进,而且你的同事也在买")是否能导致突然的市场泡沫化和崩盘。当然,单凭这一点尚不能证明这些规则有效,但至少表明它们是解释市场行为有用的工具。

布兰迪斯大学的勒巴伦（Blake LeBaron）利用统计物理学工具模拟金融市场。在他的计算机程序中，代理人遵循一些简单的规则相互影响，有时也出现一些群体现象，如恐慌反应。这种现象不应该出现在古典金融理论的"理性世界"中。举例来说，仿真结果显示，平时完全不相关的投资策略，在危机时却因为相互影响的投资人的"非理性"行为而变得高度相关。从而最初打算规避风险的意愿走向了反面：看起来相当多样化的投资组合，在波动加剧时，风险反而提高。这很可能是崩盘比预期更频繁发生的原因之一。

一些经济物理学家不满足于只模拟市场行为，他们想预测极端事件。为了达到这个目标，索奈特在苏黎世瑞士联邦理工学院设立了一个金融危机观测台。因为物理现象遵循一定的规律，他希望发展出一些根据物理学改编的工具，以便及早预测未来的股市崩盘。索奈特的基础工具之一是地球物理学中的所谓大森定律。这条定律表明，通常地震发生之后出现的余震根据幂次定律分布。索奈特希望这样的特有模式能让他准确预测下一次的崩盘，并在危机迫近时及早提出预警。他深信他的方法有效，为了通过实际操作证明这一点，他投了不少钱到股市里。

不要射杀信使

◆ **摘要:**华人金融专家李祥林导出的一个数学公式,被认为应该为金融危机负责。这一个从投资人到银行都欣然接受的公式出了什么问题?把错误使用从而导致灾难性后果发生的责任推给一个公式,是否公平?

专家们仍在忙着寻找最近金融市场全面崩溃的原因。一些专家坚持认为,华尔街之所以瘫痪,是因为华人金融专家李祥林高明地导出的一个数学公式。这个公式称为高斯关联结构函数,它让银行家和机构投资者前所未有地更容易、更精确地建立复杂的风险模型。李祥林提供给金融界的这一评估工具,可评估投资于相互关联的证券时所固有的风险。这个公式很简单,所以很快就被广泛采用,从投资人到银行,每个人都欣然接受了它。不幸的是,当金融界意识到这个公式无法在极端情况下提供正确结果时,为时已晚。

没有严格审查数百万美国屋主的信用度就批准他们的房贷,而他们没有能力付款,金融危机由此爆发。在压力下房贷公司首先被压垮,紧接其后的是大型金融机构和保险公司。这么多债权人同时违约,破产不可避免,这些情况没有人正确预见到。

投资人可能没有意识到,投资在价值损失概率一致且彼此相关的证券上是有风险的(相关性衡量的是一个变量如何随另一个变量的变动而变动;决定证券组合的风险有多高时,这个因素很重要)。为了帮助理解同时违约的危险性,李祥林建立了一个所谓关联结构公式。2000 年,他在《固定收益期刊》(*Journal of Fixed Income*)上发表了有关的论文《论违约相关性:一种关联结构函数的方法》(*On Default Correlation:A Copula Function Approach*)。在统计学中,关联指的是连接两个或更多变量的行为。

李祥林成长于 1960 年代的中国农村,在中国学习经济学,后来获奖学金而前往加拿大学习。他在加拿大攻读企业管理和精算学,取得统计学博士学位。因为就职于金融机构的薪水远比在学术界诱人,李祥林投身于金融业,他先在加拿大任职,后来到了美国。在华尔街,李祥林开始应用他的精算学研究成果。举例来说,寿险要求计算夫妻双方在同一年过世的概率,李祥林从这类研究中获得线索,发展出一个公式,计算几家持有捆绑型房贷的公司(包括贸易公司、银行、商业机构、不动产控股公司等)同时破产的概率。"我突然想到,我试图解答的这个问题,正是这些家伙希望解决的问题。违约就和一家公司倒闭一样。"几年后李祥林说。

李祥林的公式使用方便,又容易诠释,难怪没有数学专业知识的金融经理人乐于接受这个解决方案。对他们来说,它开启了一个具有崭新可能性的世界。这个公式的主要吸引力是它很容易使用。麻省理工学院金融教授罗闻全认为,李祥林的公式可能是最广泛使用的建立几个企业同时违约模型的工具,但有一个困难经常被人们忽略:这个公式需要输入一个参数,用来衡量不同证券的价值的相对变动。该参数被称为相关系数,不容易确定。李祥林瞄准了公司必须支付的贷款利率的历史数据,这些利率与无风险的国库券收益率之间的差距,是银行评估公司风险程度的指标。有了这些数据,就可以估算关联结构公式所需的相关系数。

但历史数据很可能会产生误导作用,如果数据取自美国房地产价格飙涨的那几十年间,就更是如此了。显而易见,经济繁荣时期的数据与危机迫近时期的数据没什么关联。举例来说,平常时候不太可能有许多业主同时违约,但当房市开始暴跌,有债权人拖欠付款时,违约情况就会接踵而至。在这种情况下,李祥林公式最基本的假设即相关系数是一个常量就不再正确。破产概率比公式所预测的更高,甚至多样化投资组合的风险也增加了。

资产类不断被波及,突然间,一切事物高度相关,每个人都受到影响和伤害。2001 年,苏黎世瑞士联邦理工学院数学家和金融专家安伯彻(Paul Embrechts)曾警告,轻信过分简化的风险模型可能引发危机,甚至动摇整个经济体。传统风险模型根本无法预测异常事件,李祥林公式的相关系数是根据历史数据做的估算,它们不足以支持几个极端情况同时发生的模型。

然而,把错误使用从而导致灾难性后果的责任推给一个公式是非常不公平的。罗闻全教授为李祥林辩护,说这就像因为发生死亡事故而责怪牛顿运动定律一样荒谬可笑。安伯彻指出,与多数金融从业人员相反,数学家所接受的训练要求例行检验公式所依据的假设。因此,应该为金融危机负责的并不是公式,而应该是人类的贪婪。

第9章
跨学科集锦

迷人的分形

◆ **摘要:** 波洛克的那些巨大尺寸油画随心所欲、乱七八糟的颜色,与自然现象的演化有什么关系? 蒙得里安真迹与随机生成的"山寨蒙得里安"画作,两者竟差不多?

20 世纪中叶,当波洛克(Jackson Pollock)出现在艺坛时,世界为之震惊,批评家与鉴赏家对其褒贬不一。在多数观赏者看来,波洛克以他那著名的抽象"点滴"风格绘制的巨大尺寸的油画,不过是随心所欲、乱七八糟的颜色的堆积,任何小孩都能画出这种东西。与波洛克同时代的荷兰艺术家蒙得里安(Piet Mondrian)是波洛克的支持者之一,他的作品同样被大众所误解。除此之外,两位艺术家的创作状态截然不同。波洛克反复无常,特别喜欢喝酒,养成了心血来潮时就把颜料滴在平放画布上的习惯,花不了几秒钟一幅画就完成了。蒙得里安则是世故的知识分子,他为自己的作品撰写饶有哲理的文章,并且花上好几个小时进行思考,深思熟虑后才决定在哪个位置画上稀稀落落的一条水平线、垂直线或彩色长方形。

2004 年,奥勒冈大学的物理学家泰勒(Richard Taylor)在《混沌与复杂性快报》(*Chaos and Complexity Letters*)上发表了一项研究,分析了这两位截然不同的艺术家绘制的画作。针对波洛克的画,泰勒运用了一项最初专为混沌理论而发展的工具,即所谓物体的分形维度。

众所周知,笔触是一维的,而画布是二维的。1970年代,法国数学家曼德尔布罗特——分形理论的创建者——发现,在简单的几何物体之间有复杂的形状,具有介于1至2之间的"分形维度"。

如果一条平滑线条的维度是1,而一块完全填满的平面的维度是2,则由雪花碎片填满的平面,其维度在1至2之间。事实上,经过计算,它的分形维度约为1.26。随着形状的复杂度和丰富度的增加,这个值会趋近于2。自然现象存在分形维度,但对不留心的观察者来说可能并不显而易见。这些现象表明自然演化不是偶然的,而是必然的。

分形物体(fractal object)一词源自拉丁文残碎物(fractus),它们的特点是呈现自相似性。这意味着相同的形态在愈来愈细微处以放大倍数重复出现。举例来说,树就是一种分形物体,因为树干和树枝的形态,以主枝和分枝、细枝和更小的细枝等形成的形态重复出现。小结构看起来与整体非常相似。

泰勒把波洛克的画扫描进计算机里,然后开始分析,他把由相同方格组成的一个网格覆盖在扫描的画作上,计算着色方格与未着色方格的比例。该比例随方格尺寸的缩小和画作的放大而增大,通过这种方式泰勒得出了分形维度。泰勒指出,仿效波洛克风格随意泼洒颜料的业余画作,在网格愈来愈细微时,不会得出一致的分形维度值。相反地,波洛克的画完全不是随机之作,方格尺寸从2.5米缩小到1厘米,整个网格范围都会维持一致的分形维度。因此泰勒得出结论:波洛克的画绝非随意之作。泰勒还以这项精致的技巧证明,波洛克画作的复杂度随着这位艺术家年龄的增长和技艺的完善而提高。他画作中的分形维度从早期作品的约1.3,提高到后期作品的近1.8。

当波洛克宣称"我就是自然"时,只引来大众的讪笑,但现在借由严谨的数学分析,泰勒证明了波洛克仅凭直觉便实现了他的雄心,成就了只有天才才能做到的事。令人惊讶的是,早在数学家和物理学家发现分形之前的 25 年,波洛克已经画出了分形。

然而,这和蒙得里安有什么关系? 他的作品一点也看不出混沌和分形的迹象。毕竟,因为拒画一切除了标准几何形状和水平线、垂直线以外的事物,他已经恶名昭彰。蒙得里安认为垂直线"无所不在,主宰一切"。对角线也没有希望出现在蒙得里安的画作里,因为他坚信对角线代表破坏性元素,会干扰画作的平衡。这些如此情感分明的规则,是否基于任何有根据的美学原因? 答案是一声响亮的"否"。在一项实验中,让观看者先按画作原来的方向,再把画作旋转 45 度来看一幅蒙得里安的画,他们认为两者差不多。

蒙得里安不仅十分关心他的线条的方向,而且还担心它们的精确位置,现在发现这对观赏者而言完全分辨不出。泰勒分析了蒙得里安笔下水平线和垂直线的位置,统计后发现,蒙得里安比较偏向把这些线条放在画布的边缘,而不是随机放置。在实验中,泰勒让专家们观看蒙得里安真迹和随机生成的山寨蒙得里安画作,他们并没有表示出特别偏爱哪一种类型。

概率多高才超越合理怀疑

◆ **摘要**:任何犯罪行为中,必须证明被告超越了合理怀疑才能定罪。问题是,被告的犯罪概率必须多高,才能认定其超越了合理怀疑?数学家告诉我们,概率论有助于查明被告是否有罪。

"疑罪唯轻"原则(无罪推定)是西方世界数千年来的法则。根据法律推定,多数人并非罪犯的假设,有利于对被告的认定。犯罪必须证明,被告已经超越了任何合理怀疑才能定罪。然而,屈从这项古老法则,也意味着经常有罪犯逍遥法外。

问题是,被告的犯罪概率必须多高,才能认定超越了合理怀疑?耶路撒冷合理性与互动决策理论中心的两位法律学教授波拉特(Ariel Porat)和哈雷尔(Alon Harel)认为,数学概率论有助于查明被告是否有罪。

假设只有在证据显示一个人有95%的可能性确实犯下了罪行时才可以把他定罪,那么这也就意味着,司法制度为了避免将一个可能清白的人定罪,同意让19个可能的罪犯逃脱法网。

让我们以史密斯先生为例。他被指控在两个不同的地点和时间犯下两件独立的罪行。依据现有证据,史密斯的确犯下这两件罪行的概率在两案中各是

90%,根据现行法律,史密斯在两案中都必须被判决为无罪。但史密斯真的完全清白的概率非常小,他没有犯下这两件罪行的概率各只有10%。因此,波拉特和哈雷尔提议采用合计概率。被告没有犯下两件罪行中任何一件的概率,可以用自乘10%(0.10×0.10)计算得出,答案等于1%(0.01)。因此,史密斯至少犯下两件罪行之一的概率是99%。

根据波拉特和哈雷尔提出的"合计概率原则",即使分别检验每一件被控罪行的证据,会让人不确定史密斯是否有罪,但仍应该至少对一件罪行负责。我们现行法律制度的传统做法会因为缺乏足够的证据而判决他两案皆无罪,这无异于为了使一个清白的人不被定罪,而让99个可能的罪犯无罪释放。

然而,合计概率原则也有有利于被告的一面。让我们以被指控在两个不同的地点和时间犯下两件罪行的米勒为例。譬如他两案犯罪的概率都是95%。传统的陪审团会判决米勒两件罪行都有罪,但根据合计概率原则,米勒的确犯下两件罪行的概率只有约90%(0.95×0.95)。这不足以让米勒在两案中都被定罪,其中一件他可能被判无罪。

法官做出判决时可能会不自觉地应用合计原则,例如当他们考虑有前科拒不认罪或翻供时。然而,这会导致相当矛盾的情况出现。

比如说,彼得和保罗各被指控一桩罪行,在两案中,他们犯罪的概率都是90%。在传统的法庭上,两位被告都会因证据不足而获判无罪。但如果再假设彼得和保罗以前都曾被指控有类似罪行,但当时向法庭提出的证据不足以让彼得定罪,他犯下罪行的概率只有90%;但保罗却因为犯罪概率有95%而被判处监禁。根据合计原则,现在法官应做如下思考:彼得在两个案件中犯下罪行的概率都是90%,他在两件罪行中都完全清白的合计概率只有1%(参见前述计算)。因此,彼得至少犯下一件罪行的概率是99%,应该被送进监牢。

另一方面,保罗犯下两件罪行的概率只有86%(95%×90%),因为保罗已经完成一次服刑,这一次法官应该释放他。因此,我们会发现下面的情形:尽管证据完全相同,前一次定罪的保罗被判无罪,而没有前科的彼得却被监禁。

　　合计原则还有另一项缺陷:如果可以违反的法律足够多,那么几乎每个人都会触犯法律。假设有 100 条交通规则,驾驶员违反其中一条规则的概率是每年 3%。那么按照我们的推算,一年后他的驾照肯定会被吊销,因为他在任何交通违法行为中完全清白的概率不到 5%（0.97^{100}）。为了避免这种误判,波拉特和哈雷尔不希望把合计原则运用在不明确的指控中。

曾经有一道数学难题

◆ **摘要**：一个新时代开启了，数学家开始讲起了故事。数学知识曾经是神秘科学家隐蔽阁楼中的"囚犯"，如今，这种自行强加的束缚被解开了。数学开始享受一种新身份，一种名流地位。

数学素有严谨的法则，是讲求严格精确的学科。明确的定义、简明的定理和对最重要论断的限定和证明，是数学家进行研究的工具。这里没有诠释的空间。一项陈述代表的意思必须毫无疑问，即使一个命题的真实性只有微小的不确定性，对专心致志的数学家来说，这都是可憎的想法。

文学与此恰恰相反。含糊的描述、暧昧的隐喻和双关语对作家来说是家常便饭。具有创造力的作家有"诗的破格"①的权力，允许夸大描述或淡化描写。对读者而言，他们可以不受限制地让想象漫游，随心所欲地诠释文本。的确，每次重读一件作品，他们都可能获得不同的理解，这由那个特定时刻的感觉而定。那么这两种创造形式，数学与文学，可以调和一致吗？抑或是，数学就是数学，文学就是文学，两者泾渭分明？

---

① "诗的破格"是指为了押韵而违反语法规则的创作。——译注

乍看之下,现状似乎是后者。与生物学家、物理学家及化学家等自然科学家不同,数学家处理的是高度抽象的事物,与日常经验毫无共同之处。要描述它们,数学家需要使用一种特别的语言,不仅仅是专业术语,甚至还需要他们这个领域的特定语法。数学论文往往抽象到甚至连研究领域与之密切相关的同行也看不懂。专业期刊上发表的文章不再是传播信息的工具,恰恰相反,它们只是才能的标志,专门提供给那些可以知道秘密的人。这类数学论文的读者,通常全世界各地也不会超过 20 个,而且他们已经花费数年时间熟悉这个主题。

因此,普通大众认为数学是一种秘密的科学也就不足为奇了。事实上,并非所有数学家都对这种看法不满,数学家当中有相当多的人喜欢藏私,他们潜心于自己的研究,安全地躲在自己的象牙塔里。因为数学研究没有过多加重国库的负担,因此他们觉得无须为自己的活动辩护。于是,数学家与一般大众之间,保持着一种平静却不能令人满意的共存状态。

不过数学家已经逐渐意识到,数学与一般文化的分离的确对双方造成损害。另外,外行人也认识到数学是日常生活中固有的一部分,他们想更清楚地了解这个学科到底是怎么一回事,数学家又是如何研究数学的。幸运的是,近年来一些作者开创了一种文学新流派:关于数学的非小说类书籍和数学小说。由此,盛行了 2500 年、作为柏拉图学园入口标记"不懂几何者不得入内"缩影的精英主义和孤立主义态度,正式画下了句号。

一个新时代开启了,数学家开始讲起了故事。数学知识曾经是神秘科学家隐蔽阁楼中的"囚犯",而如今,这种自行强加的束缚被解开了,这个学科自由地进入了新领域。数学知识逐渐传授给了数学界以外的读者,甚至包括只想消遣和娱乐一下的人。数学开始享受一种新身份、一种名流地位:畅销书打破书店销售纪录,《美丽心灵》《心灵捕手》(*Good Will Hunting*)等电影成为经典;《数字缉凶》(*Numb3rs*)等电视剧的观众人数创出新高;而《乐园》(*Arcadia*)、《求证》(*Proof*)等演出也场场满座。

　　一位帮助数学走近大众的作家是都克西亚迪斯（Apostolos Doxiadis），他的著作《遇见哥德巴赫猜想》（*Uncle Petros and Goldbach's Conjecture*）是一册国际畅销书。为了进一步发展数学的叙事方式，他创立了组织"泰勒斯和朋友们"①，旨在消弭学科之间的鸿沟。2005年夏天，该组织在米克诺斯岛举办了一场研讨会。抱着"消弭数学与人类文化之间的巨大分歧"的宗旨，与会者探讨如何用叙事方法表达数学的方式，让非数学家也能接受数学。

　　数学与讲故事方式的融合能引起外行和专业人士双方的兴趣。即使是专家，有时也会因为暂时抛开专业术语和传统数学三段论法（也就是假设、命题、证明）而松一口气。斯坦福大学世界著名统计学家迪亚科尼斯（Persi Diaconis）在大学和研究所读书时半工半读，同时当一位魔术师。他承认，只有当了解问题背后的故事后，他才能解决那个问题。谁在关注这个问题？它是怎么产生的？一旦解决之后会怎样？举一个涉及组合数学、代数和函数理论的例子：一副扑克牌必须洗几次，才能认为它们的顺序充分随机？（答案：7次）。他只会被这样的具体问题激发起兴趣。同样，哈佛大学的马祖尔（Barry Mazur）承认，要真正理解一个特定数论问题的深层意义，只有在他为了对其他领域的同事解释清楚这个问题，用简单的常用语言明确阐述它之后，才能做到。

　　当然，对于聚集在米克诺斯岛上那些数学家出身的"说书人"来说，这是新的领域。他们即将面临的问题是，为这个新类型建立规则。突然间，数学家必须尽力解决那些之前他们不曾关注的课题。什么样的文法是可接受的？用字遣词必须多精确？可以为了读者而简化问题吗？可以偏离数学传统上的严谨标准多远？特拉维夫大学科学史家科里（Leo Corry）以另一个文化类型——音乐为例，表达了这种困境。莫扎特的传记电影《阿玛迪斯》（*Amadeus*）是帮助还是阻碍了

---

①　泰勒斯是古希腊哲学家、数学家、天文学家，古代"希腊七贤"之首，享有"科学之父"之美誉。——译注

对一般观众推广莫扎特的音乐？是否可能因为影片不精确、有许多错误而造成无法挽回的伤害？米克诺斯岛上常常出现的激烈讨论，证明数学家仍与"统一学说"相去甚远。但不可否认，通过欣赏和娱乐方式，大众获得了对这个之前"禁地"的新认识；反之亦然，科学家也获得了愈来愈多欣赏他们的新读者。

除非我的手机
铃声独一无二

◆ 摘要：1940 年代的一个数学理论，可以让人通过一个简单的计算机程序和演算规则，创造出音乐。于是我们得到与世界上任何其他铃声完全不同、绝对独一无二的铃声。

每个人都遇到过这种事：当一个熟悉的铃声提醒有来电时，我们不假思索地伸手去拿手机，结果发现其实是旁边那个人的手机在响。尽管每个人都以为自己的铃声独一无二，因为那是从专门的网站上花钱下载的，而实际上许多手机用着一模一样的铃声。

不过，这类令人困扰的混淆或许可以解除。仅花 2 美元，任何人都可以从沃尔夫勒姆公司买到属于自己的铃声。这家软件公司保证，它提供的每一个铃声，可以肯定与世界上任何其他铃声完全不同。

"沃尔夫勒姆铃声"是英国著名物理学家沃尔夫勒姆的创意发明，几年前，他的一册 1200 页的著作《一种新科学》引起了轰动。通过宣传和"厚脸皮"的自我推销，这本书在 2002 年出版后立刻成为畅销书。在书中，沃尔夫勒姆主张，所有自然界的复杂结构和过程，都可以用"细胞自动机"进行计算机仿真。

"细胞自动机"是一种简单的计算机程序，它与手机毫无共同之处，是根据

1940 年代德国数学家冯·诺伊曼在普林斯顿高等研究院提出的一个数学理论构建的。设计出"细胞自动机"后,冯·诺伊曼很快就对它失去兴趣,搁置了下来。直到 1983 年,在高等研究院工作的年仅 24 岁、获得麦克阿瑟"天才"奖学金的沃尔夫勒姆才重新发现了它们。

"细胞自动机"在一种由细胞组成的网格上运作。根据演算规则,这些细胞被涂上黑色或白色。一开始给网格最上面一行的细胞随机涂色。接下来最有趣的工作开始了:下一行的细胞颜色取决于上方相邻细胞的颜色。涂色规则很简单。举例来说,若一个细胞上方相邻的 3 个细胞中两个是黑色,则涂上黑色,否则涂上白色。或者,若一个细胞上方相邻的细胞是黑色,且右上方和左上方的两个细胞是白色,则涂上白色。当第二行的所有细胞都涂上颜色后,下一行重复这些运作。接着下一行,然后再下一行,依此类推。

规则这么简单,我们会想当然地以为这种演算带来的乐趣微不足道,但这种想法是错的。根据所应用的规则,会出现形形色色有趣的模式。有些模式不断自我重复,有些模式看起来则完全随机。还有一些模式显得非常丰富,尽管这些模式看起来有一些规律,却又完全无法预测。沃尔夫勒姆的研究将由这些规则产生的复杂现象进行了分类,从而巩固了未受冯·诺伊曼重视的理论的数学基础。

沃尔夫勒姆在他的书中主张,所有自然现象都是以"细胞自动机"为基础的。关于雪花和一些海贝壳,这种说法可能是对的,因为它们的形状的确让我们想到"细胞自动机",但宣称整个自然界都以重复应用简单的计算变换为基础,可能有点言过其实。可以用计算机程序模拟现象的演化过程这个事实,不足以证明它确实是以这种方式产生的。

最近围绕着沃尔夫勒姆的风潮已平息下来。这场风潮可能影响了他的自尊,但对他可观财富的影响却微乎其微。他的符号计算软件包 Mathematica 被认为是自然科学和工程科学的市场领导者,已持续销售了数百万套。经济上的成功让沃尔夫勒姆投身于研究之中,而带来的有趣成果之一就是铃声。

沃尔夫勒姆铃声以"细胞自动机"为基础并不令人意外。他与计算机科学家奥弗曼(Peter Overmann)合作开发了一种程序,可以根据涂色细胞的位置,把它们转化为音符。令人惊讶的是,这种方法生成的旋律十分悦耳,一点也不平淡乏味。这个结果部分可以用"细胞自动机"的本质来解释:"细胞自动机"产生的旋律十分有规律,又不混乱;同时又有足够的随机性,从而使得音乐听起来有趣。

沃尔夫勒姆的旋律可以在网页 tones. wolfram. com 取得。顾客可以先选择类型、爵士、乡村、古典等,接着每点击一下鼠标,计算机程序就会在 10^{27} 个旋律中搜寻,创造出一段你从未听过的 30 秒的新曲调。有些曲调很吸引人,也有的没那么动听,但保证绝对不会有其他人谱出同样的曲调。顾客支付 2 美元就可以得到一段绝对独一无二的铃声,能选择乐器和节奏,并能配合个人的喜好进行改编——甚至可以加上鼓声。

强化自愿合作

◆ **摘要:** 在只以自身利益为中心的群体成员中,如何演化出利他主义和合作行为? 数学模型证明:为恶者会受到处罚的群体中可能会出现合作。然而,发生这种情况的条件是,群体成员必须是自愿加入的。

许多社会科学家都曾自问,在只以自身利益为中心的群体成员中,如何演化出利他主义和合作行为? 哈佛大学和维也纳大学的研究者开展了一项研究,借助数学模型证明了,在为恶者会受到处罚的群体中可能会出现合作。然而,发生这种情况的条件是,群体成员必须是自愿加入的。

在这些科学家建立的模型中,个人可以选择仅接受一笔稳定的收入,或者冒险参加一个集资游戏。那些参加游戏的人既可以选择捐一笔钱,也可以拒绝付费。捐款和由此产生的利润平均分配给所有玩游戏的人,包括那些没有捐款的爱占便宜者。如果捐助资金的人足够多,那么所有参加者都将受益。如果有太多爱占便宜者都想从捐款者的好意中牟利,后者就遭殃了。为了避免这种情况,这个模型中的捐款者可以对爱占便宜者处以罚款。然而,施加惩罚也有成本,因此,不是每个捐款者都强制必须执行处罚。这个模型里有4种角色:不玩游戏的局外人、参加游戏但不捐钱的爱占便宜者、捐钱但放弃处罚的贡献者以及捐钱且积极对爱占便宜者征收罚款的执法者。

研究者用计算机仿真这个游戏,连续进行了多个回合。玩游戏的人被分成这4种角色,几轮以后他们被允许可以修正他们的行为,采纳较成功游戏者的策略。此外,不同角色可以互换。现在的问题是,随着时间的流逝,哪一种角色最受大家欢迎?

模拟的结果让研究者大感惊讶:凡是强制参加游戏的,包括捐款者和爱占便宜者,多数最终愿意成为爱占便宜者。这时候游戏只能结束,因为没有人付钱了。即使执法者加入游戏,这种可悲的事态也不会改变,他们无法对抗众多的爱占便宜者。

然而,凡是自愿参加游戏的,也就是说凡是玩游戏的人可以选择只接受稳定的收入,许多爱占便宜者便会退出游戏,只要求稳定的收入。留在游戏中的是捐款者、执法者和少数爱占便宜者。现在,当捐款者比执法者人数多时,这个游戏也无法进行下去,因为爱占便宜者一定会人数不断倍增。因此只有执法者占统治地位的团队才能稳定存在,他们可以确保每个人都合作。

但一种矛盾的结果是,处罚爱占便宜者可以迫使他们合作,但只有在人们自愿参与的群体中才可能出现这种情况。诺贝尔经济学奖得主弗雷德曼(Milton Friedman)敏锐地发现了这种现象。越战期间,在讨论如何招募规模足够的部队人数时,他提议付钱让人们加入军队。他的论点是宁要唯利是图的军队,也不要受制于人的军队。这让我们想起,士兵自愿加入的外籍军团总是纪律严明,令人生畏。与此相反,强制征兵入伍的军队往往纪律松散,缺乏战斗力。

是密码还是骗局

◆ **摘要**：一份有着丰富插图、始终无人能解读的中世纪手稿，在 4 个世纪的时间里消失无踪。20 世纪初，这份"世界上最神秘的手稿"重新现身，现代计算机技术能否帮助我们破解其密码？

1912 年，波兰裔珍本收藏家伏伊尼克（Wilfrid Voynich），从意大利弗拉斯卡蒂地区的一群耶稣会士的手中买下了一些中世纪手稿，并存放于他在伦敦开设的书店里。在沾满灰尘的书堆中，他发现了一份插图丰富的手稿，作者不详。这份手稿的根源可追溯至 16 世纪初的布拉格：波希米亚皇帝鲁道夫二世热爱收藏奇珍异宝，曾斥资 600 个金币买下这份手稿。宫廷科学家仔细研读这份手稿多年，最后推断作者是 13 世纪圣方济会修士培根（Roger Bacon），但他们中没有人能解读那个文本，让皇帝大为失望。后来，失去兴趣的鲁道夫二世把它转送他人。在接下来的 4 个世纪里，手稿消失无踪。

20 世纪初，这份手稿重现江湖，解码员、语文学家、史学家、梵蒂冈档案保管员、统计学家和数学家齐上阵，尝试破解其密码。然而仍然徒劳无功。2004 年，一位英国计算机科学家登场了，他认为迄今破解这份不明手稿的所有努力都是白费工夫，大胆宣称这份手稿是由骗子执笔的，根本没有任何意义。简言之，它不过是一场古代的骗局。

这份手稿写在优质牛皮纸上,最初至少有 232 页,后来有一些页面遗失。它的尺寸大小为 15 厘米 × 22 厘米,厚约 4 厘米。虽然有一个标题页和一个擦掉的签名痕迹(可能是手稿主人的名字)依稀可辨,但无论是标题或作者名都无法确定。几乎所有的页面都有插图,大多是植物、星星、符号和裸体女性,然而它主要的神秘之处仍是文字部分,至今仍然让人不解。

这些优雅的笔迹包括约 36 个字母以及字母组合,但没有一个与任何我们已知的字母系统有关联。整个文本显然由单词组成,单词之间由空白隔开,有些单词比其他单词出现得更频繁。根据插图来看,这份手稿似乎是科学书,包括 6 个部分:植物、天文学、生物学、宇宙论、药学和食谱。

1920 年代,宾州大学哲学教授纽博尔德(William Romaine Newbold)对伏伊尼克的这份手稿进行了第一次现代化检验。纽博尔德认为,它的一些文字以重新排列字母的方法进行了加密。然而,他的解码方法很快就被证明是错的,而这个文本也随即被授以"世界上最神秘的手稿"称号,一直持续到 1945 年。那一年,华盛顿有一组解码员正等待着第二次世界大战结束后退伍,他们初试身手,试图破解这个文本,结果没有成功。一开始他们试图确认一种假定的文法,结果证明是徒劳;他们又假设这份手稿由拉丁文缩写组成,结果一样以失败收场。另外不着边际的推测还包括:这个文本是精神病患者滔滔不绝的自言自语,也可能它是乌克兰语删除了所有元音后的结果。

那些转而研究插图的专家们也开始争论。关于谁能够确认什么,又是如何做到的,他们之间爆发了激烈的争执。一位精通中世纪炼金术手稿的专家坚信,这个文本最晚在 1460 年之前就已写成。一位植物学家则马上反驳这个理论,指出其中的一些插图描绘的是美洲新大陆的植物。因此,他认为这份手稿源自 16 世纪早期。

因为着迷于这个文本的神秘氛围,又比因摒弃周密猜测和严谨理论而丧失社会地位的前人拥有更好的设备，现代科学家开始进行研究。借由现代计算机技术，他们能够对未知语言进行数学分析：利用一系列统计方法，检测字母、字母组合以及单词在整个文本中出现的频率。他们计算所谓的"熵"———一种测量字符串随机性的数值，以分析单词长度分布及单词之间的相关性。他们应用了各种数学方法，如频度分析、群集分析和马尔可夫链理论。尽管如此，破解工作仍然没有任何进展。他们只发现，这个文本从左向右阅读、似乎含有两种方言，而且使用了 23—30 个独立的符号。

巴西数学家斯托尔菲（Jorge Stolfi）的研究稍微让人乐观一些，他认为他区别了子音与元音，证明绝大多数单词由 1—3 部分组成，他称之为前缀、词干、后缀，但总的说来，没有发现任何布拉格的鲁道夫二世宫廷还不了解的事。

但没有任何人愿意相信，一位可能是文艺复兴时代的学者发明了一种加密法，可以对抗所有解码方法。因此，有人提出另外两种可能的解释：或者是不熟练的作者在编码字母系统时犯了太多错误，因为根本不可能解码；或者是有个骗子知道鲁道夫二世迷恋神秘事物，对皇帝恶作剧，以这种方式骗取他的大笔钱财。不过这些解释也有它们的缺陷。看得出这份手稿制作时十分小心翼翼，这可以驳斥抄写和加密过程中发生错误的论点。另外整个事件似乎也不可能是骗局，因为需要很大努力才能制作出这虽然无意义但却呈现多种语言结构的手稿。

不过，最后一种说法已经被英国基尔大学的计算机科学教授鲁格（Gordon Rugg）的研究所推翻。鲁格以斯托尔菲的三音节理论为基础开展研究，运用了所谓的"卡丹格板法"———一种 16 世纪广泛应用于书写隐藏信息的方法。鲁格认为，这份手稿加密的方式是，先随机采用音节填满一张表格。不同的音节组合根据变化频率对应于前缀、词干和后缀 3 个字段，在表格上从左到右滑动卡丹格板，这种板上有空格对应每个 3 音节字段，然后把产生的符号串写下来。用这种烦琐方式得到的结果，与在伏伊尼克手稿中发现的混乱字母组合呈现惊人的相似性。

单词在"卡丹格板法"得出的这个文本中出现的频率,以及文本中音节的组合方式,取决于最初的基本表格,因此,最后制成的手稿能反映出表格本身的统计特性。这解释了为什么之前的研究者会认为这个文本呈现出语言结构。"两种不同的方言"可以用使用了两种不同的表格来解释。鲁格认为,熟练的写作者只需要 3 个月,就可以制作出一本 232 页的手稿。这个骗局的作者可能是一个占卜师、受雇于作家的律师或公证人,也可能是鲁道夫二世宫廷里以诡计和诈术而恶名昭彰的炼金术士。

虽然鲁格的解释缺乏确凿的证据证明这份手稿是骗局,但他的确为这份手稿如何制作出来提供了看似有理的解释。不过这一切无法说服怀疑论者,伏伊尼克手稿在未来一段时间内仍将持续笼罩于神秘的氛围之中。

对抗滥用
数学运动

◆ **摘要:**诠释数据时,完全可能产生分歧的观点。有时是不经意造成错误的诠释,有时甚至是自觉的。数学会显示出研究的信誉,必须小心执行。

住在伦敦的加拿大数学家基南(Douglas Keenan),以领导反对草率或恶意使用数学的运动为自己的使命。有人可能认为数学出现歧义的机会不多,但诠释数据时,观点完全可能产生分歧。有时是不经意间造成的错误诠释,有时可能是故意为之。举例来说,在气候研究领域,对立的观点往往都有科学研究作支持,这些研究以对数据开展数学分析为基础。因为数学会增加这类研究的可信度,投机钻营的人就常常仰赖这些研究。因此,小心开展这些研究十分重要。

在滑铁卢大学攻读数学之后,基南在华尔街工作了几年,1995 年他开始全力投身于对数学的司法研究。自此之后,他领导了一场真正的改革运动,对抗以数学为工具的阴谋黑幕。他经常严词抨击的对象,包括误用统计方法确定火山灰来源,到不合理地利用年轮估算沉船日期等。

不久前,《自然》杂志上刊登了一项研究,这项研究以黑皮诺葡萄的成熟过程作为衡量气候变暖的指标。8 月葡萄正式采摘的时间是依葡萄成熟度决定的,而葡萄成熟度又依刚结束的夏天温度而定。自 1370 年以来,法国勃艮第开始采摘的日期都记录在城市档案馆中,可以想象有人会把这些日期作为过去6个世纪中温度演变的指标。一个法国研究小组根据这些数据提出了一个模型,该模型显示 2003 年夏天是 600 年中最热的。结论很明确:勃艮第正在变暖。

这项研究结论引起了基南的怀疑,他想确认它的数学基础。然而为了查证他需要原始数据,而作者却不愿意透露。在向《自然》杂志提出两次申请之后,他们终于提供了文件。基南立刻发现,作者将数据进行了平滑处理以配合他们的研究:混淆了标准误差(standard error)和标准差(standard deviation),使用了不正确的参数;而且还混淆了日温度与平均温度。当将所有这些误差考虑在内后,2003 年那一年的温度的确还是较高,但并没有高到出乎意料。《自然》杂志的编辑对此毫无察觉并不令人感到意外,因为数据不由他们处理,他们也从来没有要求验证过。如果他们这么做了,应该能轻而易举地识破作者的把戏。单凭葡萄收成模型得出的 2003 年的温度比法国国家气象局实际测得的高 2.4℃,这些编辑就应该心生怀疑。

基南最近的批评目标是检验 1954—1983 年期间都市化对气候变暖影响的两项研究。为了比较一段时间里所得到的测量值,整个观察期进行测量的站点位置不改变是关键。举例来说,由于城市会产生热,如果把测量站从市中心搬到城市外围,记录到的测量结果将降低。另一方面,如果测量站从城市上风处搬到下风处,测量结果则可能升高。即使测量站很小的位置变动,例如从田野移到旁边的柏油马路上,也会造成结果出现误差。基南尤其怀疑在亚洲国家得到的测量值。他认为在政治运动期间,科学家不可能小心谨慎地进行科学研究,因为当时科学家几乎没什么尊严。

当基南要求知道是哪些测量站在做测量时,他发现自己再次遭到拒绝。"既然你想做的只是找碴,为什么我要把数据提供给你?"有一位作者这样问道。但这位教授没有预料到基南的顽强精神。这位教授任职于英格兰的一所大学,必须遵守《信息自由法》。这个法规责成国家机关受雇者必须公布数据,因此,他被迫把某个测量站的名单交给基南。令人大跌眼镜的是：35 个测量站中，25 个曾经换过位置，有的甚至换了好几次，而且还移动了几十千米。至于另外的 49 个测量站，则根本不曾存在过。